四川省工程建设地方标准

四川省成品住宅装修工程技术标准

Technical standard for finished residential building decoration in sichuan province

DBJ 51/015 - 2013

主编单位：成都市建设工程质量监督站
四川省建筑科学研究院
批准部门：四川省住房和城乡建设厅
施行日期：2014年1月1日

西南交通大学出版社

2013 成都

图书在版编目（CIP）数据

四川省成品住宅装修工程技术标准 / 成都市建设工程质量监督站，四川省建筑科学研究院编著. —成都：西南交通大学出版社，2013.11（2020.6 重印）

ISBN 978-7-5643-2733-0

Ⅰ. ①四… Ⅱ. ①成… ②四… Ⅲ. ①住宅－室内装修－技术标准－四川省 Ⅳ. ①TU767－65

中国版本图书馆 CIP 数据核字（2013）第 251972 号

四川省成品住宅装修工程技术标准

主编单位　成都市建设工程质量监督站
　　　　　四川省建筑科学研究院

责任编辑	杨　勇
助理编辑	姜锡伟
封面设计	原谋书装
出版发行	西南交通大学出版社 （四川省成都市二环路北一段 111 号 西南交通大学创新大厦 21 楼）
发行部电话	028-87600564　028-87600533
邮政编码	610031
网　　址	http: //press.swjtu.edu.cn
印　　刷	成都蜀通印务有限责任公司
成品尺寸	140 mm × 203 mm
印　　张	8
字　　数	198 千字
版　　次	2013 年 11 月第 1 版
印　　次	2020 年 6 月第 3 次
书　　号	ISBN 978-7-5643-2733-0
定　　价	45.00 元

关于发布四川省工程建设地方标准《四川省成品住宅装修工程技术标准》的通知

川建标发〔2013〕517号

各市州及扩权试点县住房城乡建设行政主管部门，各有关单位：

由成都市建设工程质量监督站和四川省建筑科学研究院会同相关单位编制的《四川省成品住宅装修工程技术标准》，经我厅组织专家审查通过，并报住房和城乡建设部审定备案，现批准为四川省强制性工程建设地方标准，编号为 DBJ 51/015－2013，备案号为 J12450－2013，自 2014 年 1 月 1 日起在全省实施。其中，第 3.1.4 条、第 4.1.1 条、第 4.1.4 条为强制性条文，必须严格执行。

该标准由四川省住房和城乡建设厅负责管理，成都市建设工程质量监督站负责技术内容解释。

2013 年 9 月 30 日

前 言

为合理利用资源和节约能源，推进四川省住宅产业现代化，促进四川省住宅工程全装修交房，发展成品住宅，提高成品住宅装修工程质量，根据四川省住房和城乡建设厅《关于下达四川省工程建设地方标准<四川省成品住宅装修工程技术标准>编制计划的通知》(川建标函〔2013〕219 号)，成都市建设工程质量监督站、四川省建筑科学研究院会同中国建筑西南设计研究院有限公司、四川省建筑设计院等有关单位，依据现行相关标准，深入调查研究，总结近年来国内成品住宅建设工程方面的实践经验和研究成果，结合四川省的地理和气候特点，在广泛征求意见的基础上，通过反复讨论、修改和完善，制定了本标准。

本标准主要内容是：总则，术语，基本规定，装修设计，墙面工程，天棚工程，楼地面工程，内门窗工程，细部工程，防水工程，卫生器具、厨卫设备及管道安装，电气工程，供暖、通风及空调工程，智能化工程，监理，质量验收，附录。

本标准中以黑体字标志的第 3.1.4、4.1.1、4.1.4 条为强制性条文，必须严格执行。

本标准由四川省住房和城乡建设厅负责管理，成都市建设工程质量监督站负责具体技术内容解释。在本标准执行过程中，希望各单位注意收集资料，总结经验，并将有关意见和建议反馈给成都市建设工程质量监督站。

地址：四川省成都市八宝街 111 号；

邮编：610041；

电话：028-86647725；

邮箱：cdszjz@163.com；

传真：028-86647725。

本 标 准 主 编 单 位：成都市建设工程质量监督站
四川省建筑科学研究院

本 标 准 参 编 单 位：中国建筑西南设计研究院有限公司
四川省建筑设计院
成都市建筑装饰协会
成都市建工科学研究设计院
成都龙湖地产发展有限公司
成都衡泰工程管理有限责任公司
四川华西建筑装饰工程有限公司
四川泰兴装饰工程有限责任公司
四川省万象地板（家居）有限公司

参 加 单 位：四川蓝光和骏实业股份有限公司
远洋装饰工程股份有限公司
宁波方太厨具有限公司
深圳市创誉源科技发展有限公司
成都海祥装饰工程有限公司
成都市华达建筑装饰工程有限公司

本标准主要起草人：王 科 王德华 白中奎 张国强
刘 洋 吴钊海 周晓峰 李 慧
黄昱霖 齐年平 郑祥中 陈 静
徐存光 汤世琦 辜兴军 石永涛
吴 寰 文 武 郭召州 赵宁康
周敦坤 袁伟平 周建中

主 要 审 查 人 员：刘小舟 黄光洪 向 学 秦 钢
罗进元 李宇舟 唐 明 王 洪
叶新生 刘 潞 赵桂娟

目　次

Contents

1 总　则

1.0.1 为合理利用资源和节约能源，推进四川省住宅产业现代化，发展成品住宅，加强成品住宅装修工程的管理，提高成品住宅装修工程质量，制定本标准。

1.0.2 本标准适用于四川省新建成品住宅套内装修工程的设计、施工、监理和验收。改建、扩建住宅的装修可参照执行。

1.0.3 成品住宅装修应遵循安全、适用、经济、美观的原则，符合四川省地理、气候条件，满足节能、节水、节材和环境保护的要求。

1.0.4 成品住宅装修工程，除应执行本标准外，尚应符合国家现行有关标准的规定。

2 术 语

2.0.1 成品住宅 finished housing

住宅交付前，套内所有功能空间的固定面铺装或涂饰、管线及终端安装、厨房和卫生间的基本设施等全部完成，已具备基本使用功能的住房。

2.0.2 住宅装修 building decoration

以住宅建筑主体结构为依托，对住宅内部空间进行的细部加工和艺术处理。

2.0.3 建筑一体化设计 building integrated design

以建筑专业为主导，协调结构、给排水、电气、暖通、智能化、室内装修等各个专业，细化建筑物的使用功能，完成从建筑整体到建筑局部（室内）的设计。

2.0.4 基体 primary structure

建筑物的主体结构或围护结构。

2.0.5 基层 basic course

直接承受装饰装修施工的表面层。

2.0.6 成品住宅交付样板房 finished product delivery of residential housing

在全面展开装修施工前，按照最终交给住户的交付标准，在建筑实体内施工的样板房。

2.0.7 住宅部品 housing component

根据设计通过工业化生产的标准化产品，在现场组装，作为住宅中的某一部位且能满足该部位主要功能要求的单元。

2.0.8 进场复验 site reinspection

进入施工现场的材料、设备等在进场验收合格的基础上，按照有关规定从施工现场抽取试样送至法定检测机构进行部分或全部性能参数检测的活动。

2.0.9 家居配线箱 home wiring box

安装于住户内的配线箱体，具有电话、数据等网络综合接线功能的有源信息多媒体配线箱体。

2.0.10 室内环境 indoor environment

室内声、光、热和空气等环境条件的总称。

2.0.11 细部 detail

建筑装修工程中局部的构造、部件或饰物。

2.0.12 旁站 key works supervising

监理人员在施工现场对工程实体关键部位或关键工序的施工质量进行的监督检查活动。

2.0.13 交接验收 handing over acceptance

成品住宅装修施工前，为明确各方责任，保证施工及质量的延续性，由建设单位组织施工、监理等单位对已完成的工程进行的质量验收和交接工作。

2.0.14 分户验收 household acceptance

在单位工程竣工验收前，建设单位组织相关责任单位对每套住房各功能空间的使用功能、观感质量等内容所进行的专门验收。

3 基本规定

3.1 一般规定

3.1.1 成品住宅装修工程应由具备相应资质的设计、施工、监理等单位承担并形成完整的设计、施工、验收等文件资料。其装修设计应与建筑设计相互衔接、同步协调，宜实行一体化设计。

3.1.2 成品住宅装修宜由工程总承包单位对土建、安装和装修实行一体化施工管理，土建阶段墙面抹灰层、地面找平层、间隔墙、给排水管道、电气布线、插座位置等应一次施工到位；装修工程宜由原监理单位实施监理，并编制专项施工组织设计和专项监理实施细则。

3.1.3 成品住宅装修施工前应进行交接验收，在基体或基层质量验收合格后，方能进行装修工程施工。

3.1.4 成品住宅全面展开装修施工前必须先进行交付样板房装修施工，并验收合格。

3.1.5 成品住宅工程每种户型宜各做一套交付样板房，交付样板房应真实反映成品住宅装修材料、部品、设备和装修质量，并作为成品住宅装修工程施工的指导范本，样板房在合同约定的交房日期后30日内不应拆除。

3.1.6 成品住宅装修施工中，严禁违反设计擅自改动承重结构或主要使用功能；严禁未经设计确认和有关部门批准擅自拆改水、暖、电、燃气、通信等配套设施，严禁损坏受力钢筋；严禁损坏房屋原有的绝热设施、防水层；严禁超荷载集中堆放物品。

3.1.7 施工单位应遵守有关环境保护的法律法规，并应采取有效措施控制施工现场的各种粉尘、废气、废弃物、噪声、振动等对周围环境造成的污染和危害。

3.2 材料、部品基本要求

3.2.1 成品住宅装修应采用先进成熟、安全可靠、经济适用、节能环保的住宅材料、部品等。

3.2.2 成品住宅装修采用的材料、部品应有合格证书、使用说明书及相关性能检测报告，装修材料应进行现场抽样复检；复检项目应符合国家现行相关标准、本标准附录B和合同约定的要求；进口产品应出具中文使用说明书及合格的出入境检验检疫证明。

3.2.3 严禁使用国家已经明令淘汰的材料、部品；成品住宅装修工程所采用的材料、部品的质量、规格、品种和有害物质限量、燃烧性能等应符合设计要求和国家现行标准的规定，不得超越范围选用限制使用的材料、部品。

3.2.4 所用的材料、部品应按国家和行业现行有关标准的规定和设计要求进行防火、防腐和防虫处理。

3.2.5 成品住宅装修部品的选用应符合住房功能空间的要求和互换性、通用性要求，提高标准化和装配化的水平。

3.3 基本配置

3.3.1 成品住宅装修项目基本配置内容不应低于附录D的要求。

3.3.2 成品住宅装修电源插座的数量不应低于表 3.3.2 的要求。

表 3.3.2 成品住宅装修电源插座的数量及安装高度表

位置		插座类型	配置Ⅰ	配置Ⅱ	底边距地高度（m）	备注
起居室		单相三孔	1	1	2.2/0.3	空调挂机/柜机
		单相二、三孔	3	4	0.9/0.3	电视/沙发位
卧室	主卧室	单相三孔	1	1	2.2	空调
		单相二、三孔	3	4	0.9/0.3	电视/床头位
	双人卧室	单相三孔	1	1	2.2	空调
		单相二、三孔	2	3	0.9/0.3	电视/床头位
	单人卧室	单相三孔	1	1	2.2	空调
		单相二、三孔	2	3	0.9/0.3	电视/床头位
书房		单相三孔	1	1	2.2	空调
		单相二、三孔	2	2	0.3	
厨房		防溅水单相二、三孔	2	4	1.1	小家电
		三孔	1	1	2.1	油烟机
卫生间		防溅水单相二、三孔	1	1	2.3	电热水器
		防溅水单相二、三孔	1	1	1.5	电吹风等
餐厅		单相二、三孔	1	2	0.3	
阳台/卫生间		防溅水单相三孔	1	1	1.2	洗衣机
厨房/餐厅		单相三孔	1	1	0.3	冰箱
厨房/生活阳台		三孔	1	1	1.3	燃气热水器

注：1 空调应采用带开关的插座，室内配置为中央空调时，挂机/柜机空调插座作相应调整；

2 卫生间和阳台洗衣机插座根据建筑设计选择其一，厨房及餐厅的冰箱插座根据建筑设计选择其一；

3 燃气热水器和电热水器插座根据热水器类型选择其一；

4 浴霸应与附墙开关相连；

5 插座的安装高度为建议高度，指面板下边缘距完成面高度，可结合项目实际情况、装修效果等调整。

3.3.3 电视、电话、网络等信息系统终端的数量应不低于表3.3.3的要求。

表 3.3.3 信息系统终端的数量及安装高度表

位置	项目	配置Ⅰ	配置Ⅱ	底边距地高度（m）
起居室	电话	1	1	0.3
	电视	1	1	0.9/0.3
	网络	1	1	0.9/0.3
主卧室	电话	—	1	0.3
	电视	1	1	0.9/0.3
	网络	—	1	0.9/0.3
次卧室	电话	—	—	0.3
	电视	—	—	0.9/0.3
	网络	—	1	0.9/0.3
书房	电话	—	1	0.3
	电视	—	—	0.9/0.3
	网络	—	1	0.9/0.3

注：1 “—”为不要求但可选配；
2 当电话和网络插口设于同一位置时，宜采用双孔信息插座；
3 表中高度为建议高度。

3.4 分部工程划分

3.4.1 成品住宅装修工程按专业性质划分分部工程。当分部工程较大或较复杂时，可按施工程序、专业系统及类别等划分为若干个子分部工程。

3.4.2 每个分部（子分部）工程由若干个分项工程组成，分项工程按工种、材料、施工工艺、设备类别等进行划分。

3.4.3 每个分项工程可由一个或若干个检验批组成。检验批可根据施工及质量控制和专业验收需要，按楼层、施工段等进行划分。

3.4.4 成品住宅装修工程的分部（子分部）工程、分项工程的划分应符合表3.4.4的要求。

表3.4.4 成品住宅装修工程分部分项工程划分表

序号	分部工程	子分部工程	分项工程	备注
1	建筑装饰装修	裱糊	裱糊（基层处理、面层连接）	
		涂饰	水性涂料涂饰，溶剂型涂料涂饰	
		吊顶	龙骨（暗龙骨、明龙骨）吊顶	
		饰面板（砖）、石材	木装饰墙板、饰面板安装，石材安装，饰面砖粘贴	
		轻质隔墙	板材隔墙、骨架隔墙、活动隔墙、玻璃隔墙	
		软包	软包（软包龙骨、软包面层）	
		地面	水泥混凝土面层，水泥砂浆面层，地砖面层（陶瓷锦砖、缸砖、陶瓷地砖等），大理石面层和花岗岩面层，地板（实木地板面层、实木复合地板面层、中密度（强化）复合地板面层、竹地板面层），地毯，踢脚线	
		内门窗	木门窗、塑料门窗、金属门窗、特种门、门窗玻璃	
		细部	门窗套、橱柜、护栏和扶手、花饰、窗帘盒和窗台板	
		防水	砂浆防水、卷材防水、涂料防水	

续表 3.4.4

<table>
<tr><td rowspan="5">2</td><td rowspan="5">建筑给水、排水、供暖及燃气</td><td>室内给水</td><td>室内给水管道及配件安装，辅助设备安装，管道防腐及绝热</td><td></td></tr>
<tr><td>室内排水</td><td>室内排水管道及配件安装</td><td></td></tr>
<tr><td>卫生器具安装</td><td>洗涤盆、浴缸、便器、淋浴房等卫生器具安装，卫生器具给水配件安装，卫生器具排水配件安装</td><td></td></tr>
<tr><td>室内供暖系统</td><td>散热器及辅助设备安装或低温辐射供暖等系统的安装，管道及配件安装</td><td></td></tr>
<tr><td>燃气设备安装</td><td>管道敷设，燃气灶具、燃气热水器</td><td></td></tr>
<tr><td rowspan="2">3</td><td rowspan="2">建筑电气</td><td>电气照明、电力</td><td>管线敷设，开关插座安装，灯具安装，电气设备安装，等电位连接，接地</td><td></td></tr>
<tr><td>厨卫用电设备安装</td><td>管线敷设，电热水器、吸油烟机、浴霸等设备的安装</td><td></td></tr>
<tr><td rowspan="2">4</td><td rowspan="2">通风与空调</td><td>送排风系统</td><td>通风系统设备及管道安装、系统调试、管道防腐与绝热</td><td></td></tr>
<tr><td>空调系统</td><td>空调系统设备及管道安装，系统调试、管道防腐与绝热</td><td></td></tr>
<tr><td>5</td><td>智能建筑</td><td>住房智能化系统</td><td>家居配线箱，计算机网络系统，有线电视系统，通信系统，火灾和可燃气体探测系统，访客对讲系统及紧急呼叫，综合布线系统，智能家居控制系统</td><td></td></tr>
</table>

3.5 室内环境污染控制

3.5.1 成品住宅工程交付使用前，应由有相应资质的检测单位进行室内环境检测，并出具检测报告；室内环境质量验收不合格的成品住宅工程，严禁投入使用。

3.5.2 装修工程中使用的主要装修材料应进行污染物含量的检测，检测参数应符合国家相关标准和附录B的要求。

3.5.3 成品住宅装修严禁使用含铅白的涂料；禁止使用含苯涂料（苯包括重质苯、石油苯、溶剂苯和纯苯，下同），含苯稀释剂，含苯溶剂，含汞、砷、铅、镉、锑车间底漆；严禁采用聚乙烯醇缩甲醛内墙涂料及内墙腻子；严禁采用溶剂型胶粘剂粘贴塑料地板；严禁在室内用有机溶剂清洗施工工具。

3.5.4 成品住宅工程验收时，应抽检每个建筑单体有代表性的房间室内环境污染物浓度，氡、甲醛、氨、苯、TVOC的抽检量不得少于房间总数的5%，且不得少于3间。

3.5.5 成品住宅室内环境污染物浓度的检测结果应符合表3.5.5的规定。

表 3.5.5 住宅室内环境污染物浓度限值

污染物名称	活度、浓度限值
氡	≤200（Bq/m^3）
游离甲醛	≤0.08（mg/m^3）
苯	≤0.09（mg/m^3）
氨	≤0.20（mg/m^3）
总挥发性有机化合物 TVOC	≤0.50（mg/m^3）

3.5.6 当室内环境污染物浓度的全部检测结果符合规定时，应判定室内环境质量合格；当室内环境污染物浓度的检测结果不符合规定时，应查找原因，并采取措施进行处理，整改后，抽检量应增加1倍，再次检测结果全部符合规定时，应判定室内环境质量合格。

3.6 装修施工安全

3.6.1 施工单位应在施工现场建立消防安全责任制度，确定消防安全责任人，制定用火、用电、使用易燃易爆材料等各项消防安全管理制度和操作规程。

3.6.2 施工现场应设置消防通道、消防水源，配备消防设施和灭火器材，并有明显标识。

3.6.3 施工单位应充分考虑装修材料的防火安全。

3.6.4 施工单位应当向作业人员提供安全防护用具，并书面告知危险岗位的操作规程和违章操作的危害。

3.6.5 施工人员应当遵守安全施工的强制性标准、规章制度和操作规程，正确使用安全防护用具、机械设备等。

3.6.6 施工单位应充分考虑施工现场的用电安全，避免人身伤亡事故的发生。

3.7 装修质量保修

3.7.1 建设单位是成品住宅装修工程质量的第一责任人，承担成品住宅装修工程的质量责任。

3.7.2 装修材料、部品和设备的供应商承担产品的质量责任。

3.7.3 成品住宅交付时，建设单位应向住户提供《住房质量保证书》《房屋使用说明书》。

3.7.4 《房屋使用说明书》中装修部品和设备方面应包括以下内容：

——主要部品和设备的品牌；

——安全使用的注意事项；

——日常使用的注意事项；

——日常保养方法；

——使用操作说明。

3.7.5 成品住宅交付时，建设单位宜向住户提供《装修产品保修服务承诺书》。《装修产品保修服务承诺书》中应包括以下部分：

——保修期；

——保修范围；

——维修服务方式（服务网点、服务热线、上门服务方式及送修方式）；

——服务标准（工作流程、问题分析和分责、维修时间、咨询服务）；

——不提供保修的情况（或需有偿提供保修的情况）。

3.7.6 成品住宅的保修期自竣工验收合格之日起计算，在正常使用条件下，其最低保修期限为：

1 有防水要求的卫生间、厨房等房间的防渗漏为5年。

2 供热与供冷系统为2个供暖期、供冷期。

3 电气系统、给排水管道、设备安装为2年。

4 装修工程涉及的其他部位为2年。

3.7.7 在保修范围和保修期内出现的装修质量问题，应由建设单位组织有关单位履行保修义务；保修单位应及时进行维修，并对维修情况进行记录、归档；建设、物业等单位应进行质量保修情况的回访。

3.7.8 成品住宅装修工程宜通过信息化手段开展质量保修。

4 装修设计

4.1 一般规定

4.1.1 成品住宅装修工程必须进行设计，并应出具完整的施工图设计文件，作为建筑施工图设计文件的组成部分。

4.1.2 装修设计应按方案设计（可含方案深化设计）和施工图设计两个阶段进行，装修工程施工图设计文件宜与主体建筑施工图同步完成。

4.1.3 装修设计文件编制深度应符合国家相关规范及本标准附录A的规定。

4.1.4 装修设计必须保证建筑物的结构安全和主要使用功能。当涉及主体和承重结构的改动或增加荷载时，必须由原结构设计单位或具备相应资质的设计单位核查有关原始资料，对既有结构的安全性进行核验、确认。

4.1.5 装修设计选用的材料、部品、设备应符合下列规定：

1 提倡使用安全耐久、节能环保的材料。

2 选用高效节能的光源及照明新技术。

3 选用节水型器具。

4 选用绿色环保的成品家具，减少室内污染。

5 选用符合消防规范的材料。

6 选用良好的密封材料，改进装修节点，提高门窗的气密性。

7 需供暖制冷的建筑，应选用先进的节能的技术与设备。

4.1.6 装修设计宜执行国家现行建筑模数协调标准，成品住宅装修设计应包含下列基本内容：

1 套内空间组织和界面设计（墙面、顶面、地面、内门窗及门窗套、隔墙、隔断）。

2 厨房、卫生间及其他功能空间需装修完成的设备和设施设计。

3 固定家具的设计。

4 厨卫设备与管线的布置应符合净模数的要求，在设计阶段予以定型定位。

5 套内给排水、电气工程及智能化设计，供暖、通风及空调工程根据需要进行设计。

4.1.7 厨卫装修设计应配合建筑设计完成各设备设施的定位。

4.1.8 装修设计宜推行标准化、模数化及多样化，积极采用新技术、新材料、新产品，积极推广工厂化设计、建造技术和模数应用技术。

4.1.9 装修设计单位在施工开始前应向装修施工单位进行技术交底，说明施工中应注意的问题和技术要求。

4.1.10 四川省不同区域具有严寒、寒冷、夏热冬冷、温和地区的气候特点，在住宅建筑装修时应根据不同的气候特征，确保原有的建筑围护结构的建筑节能措施，不得任意更改原有的节能设计，且装修设计应结合其特殊性，注意考虑气候特征对装饰材料带来的影响,并根据需求做好防霉、防蛀、防腐、防锈的处理。

4.2 功能空间

4.2.1 装修设计不宜改变原设计卧室、起居室、餐厅和储藏室等空间的基本功能，不应改变厨房、卫生间的使用功能。

4.2.2 室内净高设计应符合以下要求：

1 装修完成后卧室、起居室（厅）地面与天棚之间的净高不应低于2.40 m，局部净高不应低于2.10 m，且其面积不应大于室内使用面积的1/3。坡屋顶的卧室、起居室（厅），其1/2面积的室内净高不应低于2.10 m。

2 厨房、卫生间装修完成后地面与天棚装修面之间净高不应低于2.20 m，厨房、卫生间内排水横管下表面与楼面、地面净距不得低于1.90 m，且不得影响门、窗扇开启。

4.2.3 卧室的设计应符合以下要求：

1 不应破坏卧室的日照、采光和通风条件。

2 应营造适合休息、睡眠，兼顾安静的学习和工作环境。

3 家具和设施布置宜简洁、协调、舒适，并具有一定的灵活性。

4 卧室地面宜选用防滑、保温性能良好的材料。

5 儿童居住的卧室墙面宜选用抗污染、易清洁材料。

6 在人体活动范围内，避免各界面尖角的设计。

4.2.4 起居室、餐厅的设计应符合以下要求：

1 应根据不同的套型特点合理布置平面。

2 无独立餐厅套型的起居室、餐厨合一的厨房宜按照功能分区的原则设置就餐区。

3 起居室、餐厅地面宜选用耐磨、防滑、易清洁、隔声性能良好的材料。

4 在人体活动空间范围内，应避免各界面尖角的设计，防止碰伤儿童和老人。

5 应综合布置插座、照明光源和弱电终端。

4.2.5 厨房设计应符合以下要求：

1 厨房设计应满足建筑平面设计布置要求,厨房应有直接对外的采光通风口。

2 厨房设计应合理组织操作流线。厨房的洗涤盆、灶具、排油烟机、电器设备、橱柜、吊柜等设施应一次性集成设计到位，并按炊事操作流程排列。

3 住宅厨房操作面净长不宜小于2.1 m。

4 放置灶具、洗涤盆的操作台深度不宜小于0.60 m，双排操作台之间净距不应小于0.90 m。单排操作台与墙面之间的人体活动区净距不应小于0.90 m。

5 厨房吊柜设置不应影响自然通风、采光。橱柜设计时，应考虑油烟机和灶具的左右安装位置，油烟机的挂机位距离排油烟道的直线距离应小于3000 mm，油烟机与灶具保持在同一中心线，安装后距离一侧墙面应大于100 mm。

6 使用燃气的厨房设计应按现行国家标准及相关规范要求设置可燃气体浓度报警探测器。

7 厨房的门应在下部设置有效截面积不小于0.02 m^2的固定百叶，也可距地面留出不小于30 mm的缝隙。

8 厨房地面和局部墙面应有防水构造，防水层应从地面延伸到墙面，且至少高出地面完成面300 mm。地面应选用防滑、耐水、易清洁的材料，顶面、墙面应选用防火、耐热、易清洁的材料。厨房地面防水设计应注明防意外事故的排水通道。

9 采用嵌入式下进风燃气灶具时，其下部柜体应设进风百叶或有篦进风口。

10 燃气阀门及连接三通不宜安装在隐蔽的橱柜柜体内，燃气灶安装位置的正上方1000 mm内不应有明设的燃气管道，明设的燃气管道与热水器的高温排气管应保持100 mm以上距离。放置燃气灶的灶台应采用不燃烧材料，当采用难燃材料时，应加防火隔热板。

11 厨房公用烟道开孔应考虑在安装止逆阀后能完全隐蔽在吊顶以上，且开孔位置宜选择在距离挂机位最近的烟道面，减少排烟阻力。公用烟道开孔附近应避免安装燃气管道、热水器排烟管道、消防管。

4.2.6 卫生间设计应符合以下要求：

1 卫生间宜干湿分区，设施设备配置应符合附录D（成品住宅装修工程基本配置）的要求，合理安排便器、洗面盆、浴缸（或淋浴器）、浴霸、排气道、排风扇等设施。

2 卫生间功能布局宜为照顾老年人、残疾人和儿童的使用留有余地，可按需要配置相应设施。

3 装修设计不应影响卫生间自然通风和采光，且方便维修。

4 无外窗的卫生间应设置机械通风的设施。

5 卫生间的门应在下部设置有效截面积不小于0.02 m^2的固定百叶，也可距地面留出不小于30 mm的缝隙。

6 卫生间全部地面、门嵌石与地面的结合部位和局部墙面必须有防水构造，卫生间防水层应从地面延伸到墙面，且至少高出地面600 mm，洗面盆台面宽度范围内墙面的防水层高度不得低于1200 mm，浴室墙面的防水层高度不得低于1800 mm，与其他室内空间相邻墙面的防水层应至少延伸至浴室吊顶高度以上50 mm。卫生间地面应选用防滑、耐水、易清洁的材料。

7 应根据建筑平面功能合理预留拖布池、洗衣机或干衣机的位置，并设相应的水电接口装置和排水地漏。当设置洗衣房时，宜配置工作台及储物柜。

8 我省潮湿地区或湿度较大的房间（卫生间、浴室），吊顶不得使用未经防水处理的装饰材料。

4.2.7 阳台设计应符合以下要求：

1 每套住宅宜设阳台或露台。

2 生活阳台宜设置拖布池及洗衣机位置。

3 顶层阳台应设雨罩，各套住宅之间毗连的阳台应设分户隔板。

4 阳台、雨罩均应采取有组织排水措施，雨罩及开敞阳台应采取防水措施。

5 当阳台设有洗衣设备时应符合下列规定：

1）应设置专用给、排水管线及专用地漏，阳台楼、地面均应做防水；

2）严寒和寒冷地区应封闭阳台，并应采取保温措施。

6 当阳台或建筑外墙设置空调室外机时，其安装位置应符合下列规定：

1）应能通畅地向室外排放空气和自室外吸入空气；

2）在排出空气一侧不应有影响排气的遮挡物；

3）应为室外机安装和维护提供方便操作的条件。

4.2.8 储藏空间设计应符合以下要求：

1 储藏空间应合理布局、方便使用。

2 储衣间宜采用可进入式设计，无自然或机械通风的储藏空间宜设置带通风百叶的门。

3 储藏空间墙面应进行防潮处理，宜选用防霉材料。

4.2.9 过道设计应符合以下要求：

1 装修完成面之间的净宽：套内入口过道净宽不宜小于1.20 m；通往卧室、起居室（厅）的过道净宽不应小于1.00 m；通往厨房、卫生间、储藏室的过道净宽不应小于0.90 m，过道在拐弯处的尺寸应便于搬运家具。

2 过道设有踏步时，应配置夜间照明设施。

3 过道地面宜选用防滑、易清洁的材料。

4.2.10 楼梯设计应符合以下要求：

1 装修设计不应改变原有楼梯的位置。

2 楼梯设计应满足安全性、耐久性、美观性、舒适性的要求。

3 套内楼梯的梯段装修完成面净宽，当一边临空时，不应小于0.75 m；当两侧有墙时，不应小于0.90 m。

4 套内楼梯的踏步宽度不应小于0.22 m；高度不应大于0.20 m，扇形踏步转角距扶手边0.25 m处，宽度不应小于0.22 m。

5 套内楼梯栏杆高度不应小于0.90 m，垂直杆件间净空不应大于0.11 m。

4.3 室内环境设计

4.3.1 装修设计应采取有效措施改善和提高室内环境的质量。

4.3.2 室内声环境的设计应符合以下要求：

1 卧室、起居室（厅）内噪声级，应符合下列规定：

1）昼间卧室内的等效连续A声级不应大于45 dB；

2）夜间卧室内的等效连续A声级不应大于37 dB；

3）起居室（厅）的等效连续A声级不应大于45 dB。

2 分户墙、分户楼板、户门的空气声隔声性能应符合下列规定：

1）分隔卧室、起居室（厅）的分户墙和分户楼板，空气声隔声评价量（$R_W + C$）应大于45 dB；

2）分隔住宅和非居住用途空间的楼板，空气声隔声评价量（$R_W + C_{tr}$）应大于51 dB；

3）户门空气声隔声评价量（$R_W + C_{tr}$）应大于25 dB。

4.3.3 室内光环境的设计应符合以下要求：住房室内照明应根据各功能空间要求，合理选择光源，确定灯具方式及安装位置：

1 装修设计不应改变原有的自然采光。

2 墙面及天棚宜采用白色或浅色，有效提高光的利用率。

3 室内照明应选择高效节能的光源。

4 人工照明应选择安全适用的光源及灯具，应防止光污染。

4.3.4 室内热环境的设计应符合以下要求：

1　空调室内机的安装位置应综合考虑空调效果、视觉效果、家居布置和噪声等要求。

2　装修设计应考虑与门窗节点的衔接，确保室内的气密性和水密性。

3　设置供暖设施时，宜采用成熟适用的供暖技术，供暖设备的安装设计要与装修设计同步。

4　供暖、制冷系统的运行效率和能效比应符合国家节能设计标准要求。

4. 3. 5　室内空气质量的设计应符合以下要求：

1　装修设计不应改变原有的自然通风环境。

2　燃气热水器应采用专用排气道或全封闭式燃烧、平衡式强制排烟型燃气热水器。

3　设有中央空调或供暖设备时，宜采用补充新风的设备，改善室内空气质量。

4　厨房、卫生间宜采用换气设备，应防止烟气倒灌、串气和串味。

4.4　使用安全设计

4. 4. 1　套内装修设计不得减少原套型安全出口、疏散出口，不得减小疏散走道设计所需的净宽度和数量，不得增加疏散距离，不应改变安全门开启方向。

4. 4. 2　阳台、露台栏杆应符合以下要求：

1　阳台、露台装修完成面（可踏面）上栏杆净高，6层及6层以下不应低于1.05 m，7层及7层以上不应低于1.10 m。

2　阳台栏杆设计应防止儿童攀登，栏杆的垂直栏杆间净距不应大于0.11 m，放置花盆处必须采取防坠落措施。

3　阳台、露台地面应选用防滑、易清洁的材料，且应坡向排水口。

4 高层及寒冷地区住房的阳台装修不应改变原实心栏板的设计。

5 装修设计不宜扩大阳台原有功能，阳台地面不宜铺设石材。

4.4.3 装修完成后楼地面距外窗窗台面的净高不应低于0.90 m，低于0.90 m时（包括落地窗，不包括窗外有阳台或平台的），应有防护设施。

4.4.4 对有无障碍要求的住房室内设计时，应按老年人、残疾人及视力障碍者的体能特点进行有针对性的设计，满足居家生活方便、安全、卫生和美观的要求。

4.4.5 有一定重量的饰物、吊灯、吊柜以及悬挂的其他物件，安装必须牢固可靠，严禁安装在吊顶龙骨上。

4.4.6 装修设计不得破坏消防器材及设备，不得影响其使用和标识。

4.4.7 护栏、扶手应采用坚固、耐久材料，并能承受现行国家标准规定的水平荷载。

4.5 防火设计

4.5.1 装修设计应严格执行国家现行防火规范的规定，成品住宅装修材料的燃烧性能等级要求应符合现行国家标准《建筑内部装修设计防火规范》GB 50222的规定。

4.5.2 装修设计文件中应明确材料的燃烧性能等级和防火安全措施。

4.5.3 装修设计应根据不同的建筑分类、耐火等级和使用部位，选择相应燃烧性能等级的材料。

4.5.4 活动隔墙、轻质隔墙应满足防火规范所规定的不同隔墙部位耐火极限的要求。

4.5.5 保温材料燃烧性能应符合现行规范及相关规定要求。

4.5.6 厨房天棚应采用燃烧性能等级为A级的装修材料；墙面和地面应采用燃烧性能等级为B_1级的装修材料。

4.5.7 灯具防火设计应符合下列规定：

1 照明灯具的高温部位，当靠近非A级装修材料时，应采取隔热、散热等防火保护措施，如设绝缘隔热物，加强通风、降温及散热措施。

2 灯饰所用材料的燃烧性能等级不应低于B_1级。

3 碘钨灯的灯管附近的导线应采用耐热绝缘材料制成的护套，或采用耐热线。

4.5.8 电气防火设计应符合下列规定：

1 家居配电箱的壳底和底板应采用A级材料制作；家居配电箱不应直接安装在燃烧性能等级低于B_1级的材料上。

2 照明、电热器的电气设备的高温部位靠近燃烧性能等级为非A级材料或导线穿越B_2级以下（含B_2级）装修材料时，应采用瓷管或防火封堵密封件分隔，并用石棉、玻璃棉等A级材料隔热。

3 安装在燃烧性能等级为B_1级以下（含B_1级）装修材料内的配件，如插座、开关等，必须采用防火封堵密封件或具有良好隔热性能的A级材料隔绝。

4 导线应穿管或加线槽保护，吊顶内的导线应穿金属管或燃烧性能等级为B_1级塑料电工导管保护，不得裸露。

4.6 建筑装修

4.6.1 墙面（裱糊、涂饰、面砖、石材、隔墙、软包和硬包等）装修设计应明确以下内容：

1 装修材料的规格、颜色、品种、型号、燃烧和环境性能指标、粘贴的强度指标；木材的防火、防腐、防蛀的处理方法和措施；门窗洞口边、阴阳角等节点处面层的粘贴大样。

2 饰面图案或拼接要求。

3 隔墙设计：

1）轻质隔墙的材料、构造、固定方法、设计节点详图要求；

2）固定的方法，门窗等特殊部位的节点详图；

3）隔音及保温措施；

4）隔墙与天棚及其他不同材料墙体交接处的防开裂措施；

5）玻璃隔墙应明确玻璃制品的规格、尺寸、质量、构造、固定方法、拼（交）接等要求及节点详图。

4 软包设计：

1）材料的规格、尺寸、材质要求；

2）安装位置及构造方法；

3）拼接方法。

4.6.2 吊顶（整体面层吊顶、板块面层吊顶和格栅吊顶等）装修设计应明确以下内容：

1 吊杆的承载力。

2 吊顶材料及配件的规格、材质、受力性能等质量指标，及吊杆、龙骨等材料的防腐、防火的处理方法和措施。

3 吊杆与主体的固定方法，明确吊杆与龙骨的数量及间距，应有相应的节点详图。

4 吊顶天棚板的底标高。

5 吊顶与墙面、窗帘盒的交接方式，应有节点详图。

6 饰面材料的品种、质量、颜色等要求。吊顶用纸面石膏板厚度应不小于9.5 mm。

7 石膏、木制品类装饰材料：

1）装饰材料的品种、质量、颜色要求；

2）材料用的胶粘剂应按材料的品种选用。

4.6.3 地面（地砖、石材、地板和地毯等）装修设计应明确以下内容：

1 地砖（含石材）设计：

1）地砖（或石材）及勾缝材料的品种、规格、颜色、性能及材质；

2）地砖（或石材）的粘结方式，明确粘结材料的质量要求；

3）排砖的方式和砖缝的大小，应有排砖详图。

2 地板设计：

1）地板的品种、规格及材质，明确地板的安装方式及面层下衬垫的材质和厚度；

2）如需安装龙骨，应明确地板主龙骨与次龙骨的间距，龙骨与基层、毛地板与地楞的固定方法和龙骨的稳固方法，应有相应的详图。

3 地毯设计：

1）地毯的品种、规格、色泽、图案、环境等质量指标，以及衬垫和收口、粘结材料等；

2）地毯的铺设方法、边沿的收口及阴角的处理，应有详图。

4 地板胶：

1）品种、规格、色泽、图案、环境等质量指标，以及自流平做法和收口、粘结材料等；

2）铺设方法、边沿的收口及阴角的处理，应有详图。

4.6.4 内门窗（木门窗、塑料门窗、金属门窗、特种门和门窗玻璃等）设计应明确以下内容：

1 门窗的品种、规格、颜色、图案以及开启方向、组合形式、安装位置和五金配件。

2 木门窗的设计：

1）木门窗所用材料的品种、规格、类型、色彩、图案、含水率、环境等质量指标；

2）门框或门套固定方法的节点详图；

3）木门窗固定件及五金件的数量、规格和位置。

3 塑料门窗设计：

1）塑料门窗的品种、类型、规格、尺寸要求；

2）固定方法、固定件及五金件的数量、规格和位置；

3）塑料门窗型材、内衬型钢的规格、壁厚要求。

4 金属门窗设计：

1）金属门窗的品种、类型、规格尺寸、性能、型材壁厚及附件要求；

2）门窗的固定方法、固定件及五金件的数量、规格和位置；

3）金属门窗预埋件的数量、规格、位置、埋设方式、与框的连接方式。

5 门窗玻璃设计：

1）玻璃的品种、规格、类型；

2）玻璃的固定方式和密封要求。

4.6.5 防水设计应符合以下要求：

1 应明确防水材料的品种、规格、性能要求。

2 防水构造应符合相关规范的要求。

3 做好地面泛水设计应有地漏、套管、卫生器具根部、阴阳角等部位的节点详图。

4.6.6 细部设计（门窗套、橱柜、护栏和扶手、花饰、窗帘盒和窗台板等）应明确细部工程所用的材料品种、规格、型号、含水率、环境等质量指标，并应有相应的节点详图。

4.7 建筑设备

4.7.1 卫生器具及给排水管道设计应符合以下要求：

1 住宅卫生器具包括洗面盆、浴缸、淋浴器、便器、净身盆、污水盆等设施。

2 卫生器具的设计：

1）住户套内宜设置总阀门；

2）生活饮用水管道与大便器、小便器应采用冲洗水箱或带空气隔断冲洗阀，严禁采用非专用冲洗阀直接连接；

3）大便器冲洗水箱宜采用双挡冲洗水箱；

4）应明确卫生器具的安装位置和给水点标高，并应有装配施工节点图或引用的标准图。

3 室内的冷、热水管道应选用耐腐蚀和安装连接方便可靠的管材，可采用铜管、不锈钢管、塑料给水管、塑料和金属复合管；给水管道上使用的阀门，应采用耐腐蚀和耐压的材质，并宜与管道材质相匹配。

4 冷、热水管道暗设时，应符合下列要求：

1）不得直接敷设在建筑物结构层内；

2）可敷设在吊顶内、楼地面的垫层内或沿墙敷设在管槽内；

3）敷设在垫层或墙体管槽内的给水管宜采用塑料、塑料与金属复合管或耐腐蚀的金属管，管道外径不宜大于25 mm；

4）敷设在垫层或墙体管槽内的管材，不得有卡套式或卡环式接口，柔性管材宜采用分水器向各卫生器具配水，中途不得有连接配件，两端接口应明露；

5）吊顶内敷设的热水管应保温，冷水管应作防结露保温。

5 家用热水器可采用燃气热水器、电热水器、太阳能热水器、空气源热泵热水器或与供暖系统共用采暖炉，优先采用节能、环保的产品。

6 塑料给水管道不得与热水器直接连接，应有不小于0.4 m的金属管段过渡。

7　当构造内无存水弯的卫生器具与生活污水管道或其他可能产生有害气体的排水管道连接时，必须在排水口以下设存水弯，存水弯的水封深度不得小于50 mm，严禁采用活动机械密封替代水封，卫生器具排水管段上不得重复设置水封。

8　卫生间、盥洗室等需经常从地面排水的房间，应设置地漏，带水封的地漏水封深度不得小于50 mm，应优先采用具有防涸功能的地漏，严禁采用钟罩（扣碗）式地漏，地漏的设置位置不应被遮挡。

9　住宅套内应按洗衣机位置设置洗衣机排水专用地漏或洗衣机排水存水弯，其排水管道应接入排水管道。

10　降板回填同层排水设计应符合下列要求：

1）排水管道管径、坡度和最大设计充满度应符合《建筑给水排水设计规范》GB 50015的要求；

2）器具排水横支管布置和设置标高不得造成排水滞留、地漏冒溢；

3）埋设于填层中的管道不得采用橡胶圈密封接口；

4）当排水横支管设置在沟槽内时，回填材料、面层应能承载器具、设备的荷载；

4.7.2　电气设计

1　套内照明

1）灯具的选择应根据具体房间的功能而定，并宜采用直接照明和开启式灯具。

2）选择的照明灯具、镇流器、发光二极管电子控制器必须通过国家强制性产品认证，不宜使用白炽灯。

3）卫生间等潮湿场所，宜采用防潮易清洁的灯具；卫生间的灯具位置不应安装在0、1区内及上方。装有淋浴或浴盆卫生间的照明回路，宜装设剩余电流动作保护器，灯具、浴霸开关宜设于卫生间门外。

4）卫生间、浴室、厨房及开敞式阳台等易污场所，宜采用防潮易清洁的灯具；

5）各种场所严禁采用防触电分类为0 类的灯具。

6）荧光灯应配用电子镇流器或节能型电感镇流器。

7）起居室、通道和卫生间照明开关，宜选用夜间有光显示的面板。通道、楼梯间的灯具宜采用双控开关控制。

8）应明确灯具的安装固定方式，特殊灯具安装应有节点详图。

2 套内插座

1）每套住宅电源插座的数量应根据套内面积和家用电器设置，且应符合本标准3.3.2的基本配置的要求。

2）起居室（厅）、兼起居的卧室、卧室、书房、厨房和卫生间的单相两孔、三孔电源插座宜选用10 A的电源插座。对于洗衣机、冰箱、排油烟机、排风机、空调器、电热水器等单台单相家用电器，应根据其额定功率选用单相三孔10 A或16 A的电源插座。

3）洗衣机、分体式空调、电热水器及厨房的电源插座宜选用带开关控制的电源插座，厨房、卫生间、未封闭阳台及洗衣机应选用防有害进水等级为IPX4的电源插座。

4）套内电源插座应暗装，起居室（厅）、卧室、书房的电源插座不宜设置在同一墙面上。插座设置高度宜符合表3.3.2的要求。

5）住宅建筑所有电源插座底边距地1.80 m及以下时，应选用有保护门的安全性插座。

6）对于装有淋浴或浴盆的卫生间，电热水器电源插座底边距地不宜低于2.30 m，排风机及其他电源插座宜安装在3区。

7）每套住宅内同一室内相同规格并列安装的插座，应同一高度。

3 导线选择

1）住宅建筑套内的电源线应选用铜材质导体。

2）住宅建筑的配线应与住宅的用电负荷相适应，并应符合安全和防火的要求。配电线路应选用工作电压不低于450/750 V的绝缘导线，芯线的截面应满足负荷载流量的要求。

3）导线应采用铜芯绝缘线，每套住宅进户线截面不应小于10 mm^2，分支回路截面不应小于2.5 mm^2。

4 导管布线

1）住宅建筑套内配电线路布线可采用金属导管或塑料导管。导管暗敷于剪力墙时，应预埋。暗敷的金属导管管壁厚度不应小于1.5 mm。

2）住宅建筑内的潮湿场所，明敷的金属导管应做防腐、防潮处理。

3）与卫生间无关的线缆导管不得进入和穿过卫生间。卫生间的线缆导管不应敷设在0、1区内，并不宜敷设在2区内。

4）如采用金属导管，同一回路的所有相线和中性线，应敷设在同一金属导管内。

5）暗敷于墙内或混凝土内的刚性塑料导管，应选用中型及以上管材。

5 等电位联结：住宅建筑套内装有淋浴或浴盆的卫生间应做局部等电位联结。

6 接地：住宅建筑套内的电气装置的外露可导电部分均应可靠接地。

7 每套住宅应设置家居配电箱，家居配电箱应装设同时断开相线和中性线的电源进线开关电器，供电回路应装设短路和过负荷保护电器，连接手持式及移动式家用电器的电源插座回路应装设剩余电流动作保护器。

8 柜式空调的电源插座回路应装设剩余电流动作保护

器，壁挂式空调的电源插座回路宜装设剩余电流动作保护器。

9 每套住宅应设置自恢复式过、欠电压保护器。

4.7.3 燃气设计应符合下列规定：

1 燃气灶具应选用带有熄火安全保护装置的产品。

2 室内燃气热水器的设置，应符合下列规定：

1）燃气设备应设置在通风良好的厨房或与厨房相连的阳台内。

2）燃气热水器、分户设置的供暖或制冷燃气设备的排烟管不得与排油烟机的排气管并接入同一管道，其排气筒宜采用金属管道连接。

3）当单户成品住宅采用燃气供暖时，宜采用户式燃气炉供暖。房间内的户式燃气炉应采用全封闭式燃烧、平衡式强制排烟型，其能效等级不小于2级。

3 住宅内燃气管道和其他用气设备的设置，应符合相关国家标准的规定。

4.7.4 供暖、通风与空气调节设计应符合以下要求：

1 供暖设计

1）住宅供暖方式应根据当地气象条件、能源状况及政策、节能环保和生活习惯要求等，经技术经济比较分析，并综合考虑用户对设备运行费用的承担能力等因素确定。

2）除电力充足和供电政策支持，或者建筑所在地无法利用其他形式的能源外，住宅不应采用直接电热作为室内供暖热源。有条件时应优先利用可再生能源，如太阳能、地热能等。

3）住宅室内的供暖系统设计尚应符合《四川省居住建筑节能设计标准》DB 51/5027的相关规定。

2 通风设计

1）厨房和无外窗的卫生间应有通风措施，应采用机械通风设施，其全面通风的换气次数不宜小于3次/h。厨房应设置油烟集中排放系统。

2）当采用竖向通风道时，应采取防止支管回流和竖井泄漏的措施。

3）住宅室内的通风系统设计尚应符合《四川省居住建筑节能设计标准》DB 51/5027的相关规定。

3 空气调节设计

1）住宅的主要房间应设置空调设施或预留安装空调设施的位置和条件。

2）住宅室内空调设备的冷凝水应能够有组织地排放。

3）住宅空调机组的选型，其能效比、性能系数应符合《四川省居住建筑节能设计标准》DB 51/5027的相关规定。

4）当选择水源热泵作为居住区或户用空调（热泵）机组的冷热源时，必须确保水源热泵系统的回灌水不破坏和不污染所使用的水资源。

4.7.5 智能化设计应符合以下要求：

1 有线电视系统、电话系统和信息网络系统宜采用光纤入户（FTTH）建设方案，其设计应满足《四川省住宅建筑通信配套光纤入户工程技术规范》DBJ 51/004的要求。

2 有线电视系统、电话通信系统、信息网络系统的线路应预埋到住宅套内，每套住宅的各类进户线不应少于1根。

3 当发生火警时，疏散通道上和出入口处的门禁应能集中解除或能从内部手动解锁；

4 燃气厨房设置的燃气报警装置，宜在燃气进户管设置自动阀门，在发出泄漏报警信号的同时自动关闭阀门，切断气源。

5 家居配线箱的设置应符合下列规定：

1）有线电视、电话、信息网络等线路宜集中布线。

2）家居配线箱应设置在住宅套内进出线方便、容易检修的位置，箱底距地高度宜为0.5 m。

3）距家居配线箱水平0.15 m ~ 0.20 m处宜预留AC220 V电源接线盒，接线盒面板底边宜与家居配线箱面板底边平行，接线盒与家居配线箱之间应预埋金属导管。

6 管线设计应采用光缆或线缆穿B_1级塑料电工套管或钢管暗敷于墙体、楼板或明敷吊顶等装饰部位内。

7 成品住宅可进行下列智能化配置

1）设置水表、电表、燃气表的自动计量、抄收及远传系统。

2）设置家居控制器，将家居报警、家用电器监控、能耗计量、访客对讲等集中管理；家居控制器暗装在起居室便于维护处，箱底距地高度宜为1.3 m~1.5 m。

5 墙面工程

5.1 一般规定

5.1.1 本章适用于墙面裱糊、涂饰、饰面板（砖）、软包及隔墙等工程的施工与质量控制。

5.1.2 装修过程不得破坏墙体原有的保温体系。

5.1.3 施工前应对已完成的基层质量检查验收，重点检查墙面是否有空鼓、裂缝等质量缺陷。

5.1.4 施工过程中应对墙面龙骨的规格及间距、附墙二次龙骨构件的固定、防火防腐、板缝抗裂处理等进行隐蔽工程验收。

5.2 施工要点

5.2.1 裱糊的施工应符合以下要求：

1 空气湿度超过85%以上时不得进行裱糊工程施工。

2 裱糊前应将基体或基层表面的污垢、尘土清除干净，不得有飞刺、麻点、砂粒和裂缝。泛碱部位宜使用稀醋酸中和、清洗。阴、阳角应顺直、方正，然后按壁纸、墙布的品种、花色、规格等进行选配、拼花、裁切、编号，裱糊时应按编号顺序粘贴。

3 基层应采用抗碱封闭底漆进行抗碱封闭；宜在粘贴墙纸前进行墙体防潮处理。

4 墙面应采用整幅裱糊，并统一预排对花拼缝。不足一幅的应裱糊在较暗或不明显部位，阴角处接缝应搭接，阳角处应包角、不得有接缝。施工顺序宜先垂直面后水平面，先细部后大面，先保证垂直后对花拼逢，垂直面是先上后下，先长墙面后短墙面，水平面是先高后低。

5 织物、壁纸的背胶应涂刷均匀，宜使用专用机械进行涂刷，粘贴至基层后，应用刮板沿长向刮出气泡，使织物、壁纸与基层粘贴紧密。并及时清理溢出的粘合剂，避免污染织物、壁纸的表面。

6 壁纸、墙布裱糊完成的房间应及时清理干净，不得做临时仓库或休息室，以避免污染或损坏。

7 不得在已裱糊好壁纸的墙上剔眼打洞。若设计变更，也应采取相应的措施保护，施工后要及时认真修复，以保证壁纸的粘贴效果。

8 墙纸粘贴完毕后，应将门窗关闭2～3天，不应开暖气等空调设备，但在潮湿的季节，应在白天打开门窗。

5.2.2 涂饰的施工应符合以下要求：

1 混凝土或抹灰层基层在涂饰涂料前应按涂刷抗碱封闭底漆→满刮腻子→砂纸打光的程序进行施工。

2 基层所用的腻子，应按基层、底涂料和面涂料的性能配套使用，其塑性和易涂性应满足施工的要求，干燥后应坚实牢固，不得粉化、起皮和裂纹。待腻子充分自然风干后，应打磨平整光滑并清理干净。厨房、卫生间应采用具有防火、防霉、防污染、易清洗特点的涂料，并使用具有耐水性能的腻子。

3 涂刷前，应对室内外门窗、玻璃、水暖管线、电气开关盒、插座和灯座等不涂刷的部位以及已完成的墙或地面面层等处采取可靠遮盖保护措施，防止造成污染。

4 木质基层涂刷可按照基材修整处理→第一遍底漆涂刷→刮腻子→第二遍底漆涂刷→面漆涂刷的施工流程进行施工。

5　纸面石膏板基层应按设计要求对板缝、钉眼进行处理后，满刮腻子、砂纸打光。

6　金属基层表面应进行除锈和防锈处理。

7　涂料打磨应待涂膜完全干透后进行，打磨应用力均匀，不得磨透露底。

8　施涂水性涂料时，后一遍涂料应在前一遍涂料表干后进行。每一遍涂料应施涂均匀，各层应结合牢固。

9　涂料在使用前应搅拌均匀，并在规定的时间内用完。

10　施工现场环境温度宜在5 °C ~ 35 °C之间，并应注意通风换气和防尘。

11　涂料工程所用的涂料和配套产品，均应在其有效期内使用。

5.2.3　饰面砖（板）、石材的施工应符合以下要求：

1　饰面施工前应依据设计要求放出大样图并根据现场实际尺寸进行排砖，在同一墙面上不宜有一排以上的非整砖，且非整砖宽度不宜小于整砖的1/3，并应将其镶贴在较隐蔽部位。

2　面砖铺贴前应进行挑选，并应浸水2 h以上，然后取出阴干至表面无水膜再进行镶贴，基层在铺贴前也应充分浇水润湿。

3　面砖、石材铺贴时，背部结合砂浆应饱满，特别应注意边角部位的饱满度，避免出现空鼓。

4　石材干挂的型钢龙骨应与结构可靠连接，龙骨的焊接长度及焊缝高度应满足设计要求，当设计无要求时，应满焊且焊缝高度不小于构件的最小壁厚。

5　强度较低、质地疏松石材或较薄的石材铺贴前应在背面粘贴玻璃纤维网布。质地疏松石材表面应作防污处理。开槽钻眼的挂件部位宜另粘一块板加厚增强。

6 湿作业法挂贴施工中固定石材的钢筋网应与预埋件连接牢固。每块石材与钢筋网拉接点不得少于4个。拉接用金属丝应具有防锈性能。

7 墙面石材高度超过1 m且每块板材边长大于400 mm时，不得采用粘贴法施工。

8 所有阴阳角交界部位应符合设计要求，如设计无要求，宜做成45°拼角。所有板缝应在铺贴完成后应清理干净，并用与面层相同颜色的勾缝剂勾填饱满。

9 宜对浅色大理石进行防渗处理。

5.2.4 轻质隔墙的施工（包括板材隔墙、骨架隔墙、活动隔墙和玻璃隔墙等非承重轻质隔墙工程），应符合以下要求：

1 轻质隔墙材料在运输和安装时，应轻拿轻放，不得损坏表面和边角。应防止受潮变形。

2 当轻质隔墙下端用木踢脚覆盖时，饰面板应与地面留有20 mm ~ 30 mm缝隙；当用大理石、瓷砖、水磨石等做踢脚板时，饰面板下端应与踢脚板上口齐平，接缝应严密。

3 墙位放线应沿地、墙、顶弹出隔墙的中心线和宽度线，宽度线应与隔墙厚度一致。弹线应清晰，位置应准确。

4 门窗或特殊接点处安装附加龙骨应根据龙骨的不同材质确定沿地、顶、墙龙骨的固定点间距，且固定牢固。

5 纸面石膏板的接缝应按设计要求进行板缝处理。石膏板与周围墙或柱应留有3 mm的槽口，以便进行防开裂处理。

6 胶合板安装前应对板背面进行防火处理。轻钢龙骨应采用自攻螺钉固定。木龙骨采用圆钉固定时，钉距宜为80 mm ~ 150 mm，钉帽应砸扁；采用钉枪固定时，钉距宜为80 mm ~ 100 mm。

7 在板材隔墙上开槽、打孔应用云石机切割或电钻钻孔，不得直接剔凿和用力敲击。

8 玻璃砖墙宜以1.5 m高为一个施工段，待下部施工段胶结材料达到设计强度后再进行上部施工。

5.2.5 软包的施工应符合以下要求：

1 墙面应均匀涂刷一层清油或满铺油纸进行防潮处理。严禁用沥青油毡做防潮层。

2 软包工程的龙骨、衬板、边框应安装牢靠、无翘曲、拼缝应平直。

3 木龙骨宜采用凹槽榫工艺预制，可整体或分片安装，与墙体连接应紧密、牢固。如需墙面上安装开关插座，在铺钉木基层时应加钉电气盒框格。

4 填充材料制作尺寸应正确，棱角应方正，应与木基层板粘结紧密。

5 织物面料裁剪时经纬应顺直。安装应紧贴墙面，接缝应严密，花纹应吻合，无波纹起伏、翘边和褶皱，表面应清洁。

6 软包布面与压线条、贴脸线、踢脚板、电气盒等交接处应严密、顺直、无毛边。电气盒盖等开洞处，套割尺寸应准确。

5.3 质量要求

5.3.1 墙面工程所用主要材料应进行入场复检，复检项目应符合国家现行标准及本标准附录B的规定。

5.3.2 裱糊工程检查内容、质量要求、检查数量、方法应符合表 5.3.2 的规定。

表 5.3.2　裱糊工程质量检查内容、质量要求、检查数量、方法

类别	序号	检查内容			质量要求	检查数量	检查方法
主控项目	1	品种、规格、颜色和性能			壁纸、墙布的种类、规格、图案、颜色和燃烧性能应符合设计及产品标准的要求	同一生产厂家、同一品种、同一规格、同一批次检查一次	观察检查；检查产品合格证、进场验收记录和性能检验报告
	2	基层质量	基层处理	基层清理	涂刷抗碱封闭底漆	同一品种的裱糊或软包工程每 50 个自然间（大面积房间按施工面积 30 m^2 为一间）划分为一个检验批，不足 50 间也划分为一个检验批。每个检验批应至少抽查 5 间，不足 5 间的应全数检查	观察、检查施工记录
				含水率	混凝土或抹灰基层涂刷溶剂型涂料时含水率不得大于 8%，涂刷乳液型涂料时不得大于 10%，木材基层含水率不得大于 12%		水分仪检查
				基层腻子	平整、坚实、牢固、无粉化、起皮和裂缝		观察
			允许偏差(mm)	立面垂直度	3		用 2 m 垂直检测尺检查
				表面平整度	3		用 2 m 靠尺和塞尺检查
				阴阳角方正	3		用 200 mm 直角检测尺检查
				分格条(缝)直线度	3		拉 5 m 线，不足 5 m 拉通线，用钢直尺检查
				墙裙、勒脚上口直线度	3		拉 5 m 线，不足 5 m 拉通线，用钢直尺检查

续表 5.3.2

类别	序号	检查内容	质量要求	检查数量	检查方法
主控项目	3	各幅拼接	裱糊后各幅拼接应横平竖直，拼接处花纹、图案应吻合，不离缝，不搭接，不显拼缝	同一品种的裱糊或软包工程每50个自然间（大面积房间按施工面积30 m²为一间）划分为一个检验批，不足50间也划分为一个检验批。每个检验批应至少抽查5间，不足5间的应全数检查	距离墙面1.5 m处正视
	4	壁纸、墙布粘贴	壁纸、墙布应粘贴牢固，不得有漏贴、补贴、脱层、空鼓和翘边		观察；手摸检查
一般项目	1	裱糊表面质量	裱糊后的壁纸、墙布表面应平整,不得有波纹起伏、气泡、裂缝、皱折；表面色泽应一致，不得有斑污，斜视时应无胶痕		观察；手摸检查
	2	壁纸压痕及发泡层	复合压花壁纸的压痕及发泡壁纸的发泡层应无损坏		观察检查
	3	与装饰线,设备线盒交接	壁纸、墙布与各种装饰线、设备线盒交接处套割应吻合，不得有缝隙		观察检查
	4	壁纸、墙布边缘	壁纸、墙布边缘应平直整齐，不得有纸毛、飞刺		观察检查
	5	壁纸、墙布阴、阳角无接缝	壁纸、墙布阴角处搭接应顺光，阳角处应无接缝		观察检查
	6	裱糊工程允许偏差（mm）：表面平整度	3		用2 m靠尺和塞尺检查
		裱糊工程允许偏差（mm）：立面垂直度	3		用2 m垂直尺检查
		裱糊工程允许偏差（mm）：阴阳角方正	3		用200 mm直角检测尺检查

5.3.3 涂饰的质量应符合以下要求：

1 水性涂料涂饰工程检查内容、质量要求、检查数量、方法应符合表 5.3.3-1 的规定。

表 5.3.3-1 水性涂料涂饰工程检查内容、质量要求、检查数量、方法

<table>
<tr><th>类别</th><th>序号</th><th colspan="2">检查内容</th><th>质量要求</th><th>检查数量</th><th>检查方法</th></tr>
<tr><td rowspan="6">主控项目</td><td>1</td><td colspan="2">品种、规格、颜色和性能</td><td>涂饰工程所用涂料的品种、型号和性能应符合设计要求及国家现行标准的有关规定</td><td>同一生产厂家、同一品种、同一规格、同一批次检查一次</td><td>检查产品合格证书、性能检验报告、有害物质限量检验报告和进场验收记录</td></tr>
<tr><td>2</td><td colspan="2">涂饰颜色和图案</td><td>颜色、图案应符合设计要求</td><td rowspan="5">同类涂料涂饰墙面每50间（大面积房间按涂饰面积30 m^{2}为一间）应划分为一个检验批，不足50间也应划分为一个检验批。每个检验批应至少抽查10%，并不得少于3间；不足3间时应全数检查</td><td>观察</td></tr>
<tr><td>3</td><td colspan="2">涂饰综合质量</td><td>应涂饰均匀、粘结牢固，不得漏涂、透底、起皮和掉粉</td><td>观察、手摸检查</td></tr>
<tr><td rowspan="3">4</td><td rowspan="3">基层处理</td><td>基层清理</td><td>涂刷抗碱封闭底漆</td><td>观察、检查施工记录</td></tr>
<tr><td>含水率</td><td>混凝土或抹灰基层涂刷溶剂型涂料时含水率不得大于8%，涂刷乳液型涂料时不得大于10%，木材基层含水率不得大于12%</td><td>水分仪检查</td></tr>
<tr><td>基层腻子</td><td>平整、坚实、牢固、无粉化、起皮和裂缝</td><td>观察</td></tr>
</table>

续表 5.3.3-1

类别	序号	检查内容		质量要求		检查数量	检查方法
一般项目	1	涂层与其他装修材料和设备衔接部位处理		涂层与其他装修材料和设备衔接处应吻合，界面应清晰		同类涂料涂饰墙面每50间（大面积房间按涂饰面积30 m^{2}为一间）应划分为一个检验批，不足50间也应划分为一个检验批。每个检验批应至少抽查10%，并不得少于3间；不足3间时应全数检查	观察
	2	薄涂料涂饰质量	颜色	普通涂饰	均匀一致		观察
				高级涂饰	均匀一致		
			泛碱、咬色	普通涂饰	允许少量轻微		
				高级涂饰	不允许		
			流坠、疙瘩	普通涂饰	允许少量轻微		
				高级涂饰	不允许		
			砂眼、刷纹	普通涂饰	允许少量细微砂眼、刷纹通顺		
				高级涂饰	无砂眼、无刷纹		
		薄涂料涂饰工程允许偏差（mm）	立面垂直度	普通涂饰	3		用2 m垂直检测尺检查
				高级涂饰	2		
			表面平整度	普通涂饰	3		用2 m靠尺和塞尺检查
				高级涂饰	2		
			阴阳角方正	普通涂饰	3		用2 m靠尺和塞尺检查

续表 5.3.3-1

类别	序号	检查内容		质量要求		检查数量	检查方法
一般项目	2	薄涂料涂饰工程允许偏差（mm）	阴阳角方正	高级涂饰	2	同类涂料涂饰墙面每50间（大面积房间按涂饰面积30 m^{2}为一间）应划分为一个检验批，不足50间也应划分为一个检验批。每个检验批应至少抽查10%，并不得少于3间；不足3间时应全数检查	用2 m靠尺和塞尺检查
			装饰线、分色线直线度	普通涂饰	2		拉5m线、不足5m拉通线，使用钢直尺等测量工具，对每面墙测量
				高级涂饰	1		
			墙裙、勒脚上口直线度	普通涂饰	2		拉5 m线，不足5 m拉通线，用钢直尺检查
				高级涂饰	1		
	3	厚涂料涂饰质量	颜色	普通涂饰	均匀一致		观察
				高级涂饰	均匀一致		
			泛碱、咬色	普通涂饰	允许少量轻微		
				高级涂饰	不允许		
			点状分布	普通涂饰	—		
				高级涂饰	疏密均匀		
		厚涂料涂饰工程允许偏差（mm）	立面垂直度	普通涂饰	4		用2 m垂直检测尺检查
				高级涂饰	3		用2 m靠尺和塞尺检查
			表面平整度	普通涂饰	4		用200 mm直角检测尺检查
				高级涂饰	3		拉5 m线，不足5 m拉通线，用钢直尺检查

续表 5.3.3-1

类别	序号	检查内容		质量要求		检查数量	检查方法
一般项目	3	厚涂料涂饰工程允许偏差（mm）	阴阳角方正	普通涂饰	4	同类涂料涂饰墙面每50间（大面积房间按涂饰面积30 m^2为一间）应划分为一个检验批，不足50间也应划分为一个检验批。每个检验批应至少抽查10%，并不得少于3间；不足3间时应全数检查	拉5m线，不足5m拉通线，用钢直尺检查
				高级涂饰	3		用2m垂直检测尺检查
			装饰线、分色线直线度	普通涂饰	2		用2m靠尺和塞尺检查
				高级涂饰	1		用200 mm直角检测尺检查
			墙裙、勒脚上口直线度	普通涂饰	2		拉5m线，不足5m拉通线，用钢直尺检查
				高级涂饰	1		
	4	复层涂料涂饰质量	颜色	均匀一致			观察
			光泽	光泽基本均匀			
			泛碱、咬色	不允许			
			喷点疏密程度	均匀，不允许连片			
		复层涂料涂饰工程允许偏差（mm）	立面垂直度	5			用2m垂直检测尺检查
			表面平整度	5			用2m靠尺和塞尺检查
			阴阳角方正	4			用200 mm直角检测尺检查
			装饰线、分色线直线度	3			拉5m线，不足5m拉通线，用钢直尺检查
			墙裙、勒脚上口直线度	3			拉5m线，不足5m拉通线，用钢直尺检查

2 溶剂型涂料涂饰工程检查内容、质量要求、检查数

量、方法应符合表 5.3.3-2 的规定。

表 5.3.3–2 溶剂型涂料涂饰工程检查内容、质量要求、检查数量、方法

类别	序号	检查内容		质量要求	检查数量	检查方法
主控项目	1	品种、规格、颜色和性能		涂饰工程所选用涂料的品种、型号和性能应符合设计要求及国家现行标准的有关规定	同一生产厂家、同一品种、同一规格、同一批次检查一次	检查产品合格证书、性能检验报告、有害物质限量检验报告和进场验收记录
	2	颜色、光泽、图案		应符合设计要求	同类涂料涂饰墙面每 50 间（大面积房间按涂饰面积 30 m^2 为一间）应划分为一个检验批，不足 50 间也应划分为一个检验批。每个检验批应至少抽查 10%，并不得少于 3 间；不足 3 间时应全数检查	观察
	3	涂饰综合质量		应涂饰均匀、粘结牢固，不得漏涂、透底、开裂、起皮和反锈		观察、手摸检查
	4	基层处理	基层清理	涂刷抗碱封闭底漆		观察
			含水率	混凝土或抹灰基层涂刷溶剂型涂料时含水率不得大于 8%，涂刷乳液型涂料时不得大于 10%，木材基层含水率不得大于 12%		水分仪检查
			基层腻子	平整、坚实、牢固、无粉化、起皮和裂缝，厨房及卫生间必须使用耐水腻子		观察

续表 5.3.3-2

类别	序号	检查内容		质量要求		检查数量	检查方法
一般项目	1	涂层与其他装修材料和设备衔接部位处理		涂层与其他装修材料和设备衔接处应吻合，界面应清晰		同类涂料涂饰墙面每 50 间（大面积房间按涂饰面积 30 m^2 为一间）应划分为一个检验批，不足 50 间也应划分为一个检验批。每个检验批应至少抽查 10%，并不得少于 3 间；不足 3 间时应全数检查	观察
	2	色漆涂饰质量	颜色	普通涂饰	均匀一致		观察
				高级涂饰	均匀一致		
			光泽、光滑	普通涂饰	光泽基本均匀光滑无挡手感		观察、手摸检查
				高级涂饰	光泽均匀一致光滑		
			刷纹	普通涂饰	刷纹通顺		观察
				高级涂饰	无刷纹		
			裹棱、流坠、皱皮	普通涂饰	明显处不允许		观察
				高级涂饰	不允许		
		色漆涂饰工程允许偏差（mm）	立面垂直度、表面平整度	普通涂饰	4		用 2 m 垂直检测尺检查
				高级涂饰	3		
			阴阳角方正，装饰线、分色线直线度	普通涂饰	4		用 2 m 靠尺和塞尺检查
				高级涂饰	3		

续表 5.3.3-2

类别	序号	检查内容		质量要求		检查数量	检查方法
一般项目	2	色漆涂饰工程允许偏差(mm)	墙裙、勒脚上口直线度、立面垂直度	普通涂饰	4	同类涂料涂饰墙面每50间（大面积房间按涂饰面积30 m^2为一间）应划分为一个检验批，不足50间也应划分为一个检验批。每个检验批应至少抽查10%，并不得少于3间；不足3间时应全数检查	用200 mm直角检测尺检查
				高级涂饰	3		
			表面平整度、阴阳角方正	普通涂饰	2		拉5 m线，不足5 m拉通线，用钢直尺检查
				高级涂饰	1		
			装饰线、分色线直线度	普通涂饰	2		拉5 m线，不足5 m拉通线，用钢直尺检查
				高级涂饰	1		
	3	清漆涂饰质量	颜色	普通涂饰	基本一致		观察
				高级涂饰	均匀一致		
			木纹	普通涂饰	棕眼刮平、木纹清楚		观察
				高级涂饰	棕眼刮平、木纹清楚		观察
			光泽、光滑	普通涂饰	光泽基本均匀光滑无挡手感		观察、手摸检查
				高级涂饰	光泽均匀一致光滑		
			刷纹	普通涂饰	无刷纹		观察
				高级涂饰	无刷纹		

续表 5.3.3-2

类别	序号	检查内容		质量要求		检查数量	检查方法
一般项目	3	清漆涂饰质量	裹棱、流坠、皱皮	普通涂饰	明显处不允许	同类涂料涂饰墙面每50间（大面积房间按涂饰面积 $30\ m^2$ 为一间）应划分为一个检验批，不足50间也应划分为一个检验批。每个检验批应至少抽查10%，并不得少于3间；不足3间时应全数检查	观察
				高级涂饰	不允许		
		清漆涂饰工程允许偏差(mm)	立面垂直度、表面平整度	普通涂饰	3		用2 m垂直检测尺检查
				高级涂饰	2		
			阴阳角方正，装饰线、分色线直线度	普通涂饰	3		用2 m靠尺和塞尺检查
				高级涂饰	2		
			墙裙、勒脚上口直线度，立面垂直度	普通涂饰	3		用200 mm直角检测尺检查
				高级涂饰	2		
			表面平整度、阴阳角方正	普通涂饰	2		拉5 m线，不足5 m拉通线，用钢直尺检查
				高级涂饰	1		
			装饰线、分色线直线度	普通涂饰	2		拉5 m线，不足5 m拉通线，用钢直尺检查
				高级涂饰	1		

5.3.4 墙面饰面板（砖）及石材工程检查内容、质量要求、检查数量、方法应符合表 5.3.4 的规定。

表 5.3.4 墙面饰面板（砖）及石材工程检查内容、质量要求、检查数量、方法

类别	项次	检查内容	质量要求	检查数量	检验方法
主控项目	1	品种、规格、颜色和性能	应符合设计要求及国家现行标准的有关规定	同一生产厂家、同一品种、同一规格、同一批次检查一次	观察；检查产品合格证书、进场验收记录、性能检验报告和复验报告
	2	内墙饰面砖粘贴工程的找平、防水、粘结和填缝材料及施工方法	应符合设计要求及国家现行标准的有关规定	相同材料、工艺和施工条件的饰面砖工程每50间（大面积房间按施工面积30 m^{2}为一间）应划分为一个检验批，不足50间也应划分为一个检验批；每个检验批应至少抽查10%，并不得少于3间；不足3间时应全数检查	检查进场验收记录和施工记录
	3	满粘法陶瓷板、石材工程施工质量	满粘法施工的饰面砖（板）应无裂缝,大面和阳角应无空鼓。石材与基体之间的粘结料应饱满、无空鼓。石材粘结应牢固		观察；用小锤轻击检查，检查施工记录
	4	内墙饰面砖的粘贴质量	粘贴应牢固		手拍检查，检查施工记录
	5	陶瓷板、石材安装工程的预埋件（或后置埋件）、连接件的材质、数量、规格、位置、连接方法和防腐处理	应符合设计要求。后置埋件的现场拉拔力应符合设计要求。安装应牢固		手扳检查；检查进场验收记录、现场拉拔检验报告、隐蔽工程验收记录和施工记录

续表 5.3.4

类别	项次	检查内容	质量要求	检查数量	检验方法
主控项目	6	陶瓷板、石材孔、槽的数量、位置和尺寸	应符合设计要求	相同材料、工艺和施工条件的饰面砖工程每50间(大面积房间按施工面积$30\ m^2$为一间)应划分为一个检验批，不足50间也应划分为一个检验批；每个检验批应至少抽查10%，并不得少于3间；不足3间时应全数检查	检查进场验收记录和施工记录
一般项目	1	表面质量	表面应平整、洁净、色泽一致，应无裂痕和缺损。石材表面应无泛碱等污染		观察
	2	内墙面凸出物周围的饰面砖粘贴质量	内墙面凸出物周围的饰面砖应整砖套割吻合，边缘应整齐。墙裙、贴脸突出墙面的厚度应一致		观察、尺量检查
	3	内墙饰面砖接缝	内墙饰面砖接缝应平直、光滑，填嵌应连续、密实；宽度和深度应符合设计要求		观察、尺量检查
	4	湿作业法石材安装	石材应进行防碱封闭处理。石材与基体之间的灌注材料应饱满、密实		用小锤轻击检查；检查施工记录
	5	石材孔洞质量	孔洞应套割吻合，边缘应整齐		观察
	6	陶瓷板、石材填缝	填缝应密实、平直，宽度和深度应符合设计要求，填缝材料色泽应一致		观察、尺量检查

续表 5.3.4

<table>
<tr><th>类别</th><th>项次</th><th colspan="2">检查内容</th><th colspan="5">质量要求</th><th>检查数量</th><th>检验方法</th></tr>
<tr><td rowspan="8">一般项目</td><td rowspan="8">7</td><td rowspan="8">安装允许偏差(mm)</td><td rowspan="2">项目</td><td rowspan="2">陶瓷板</td><td rowspan="2">陶瓷砖</td><td colspan="3">石材</td><td rowspan="8">相同材料、工艺和施工条件的饰面砖工程每50间(大面积房间按施工面积30 m² 为一间)应划分为一个检验批，不足50间也应划分为一个检验批；每个检验批应至少抽查10%，并不得少于3间；不足3间时应全数检查</td><td rowspan="2">观察、尺量检查</td></tr>
<tr><td>光面</td><td>剁斧石</td><td>蘑菇石</td></tr>
<tr><td>立面垂直度</td><td>2</td><td>2</td><td>2</td><td>3</td><td>3</td><td>用 2 m 垂直检测尺检查</td></tr>
<tr><td>表面平整度</td><td>1.5</td><td>3</td><td>2</td><td>3</td><td>–</td><td>用 2 m 靠尺和塞尺检查</td></tr>
<tr><td>阴阳角方正</td><td>2</td><td>3</td><td>2</td><td>4</td><td>4</td><td>用 200 mm 直角检测尺检查</td></tr>
<tr><td>接缝直线度</td><td>2</td><td>2</td><td>2</td><td>4</td><td>4</td><td>拉 5 m 线，不足 5 m 拉通线，用钢直尺检查</td></tr>
<tr><td>接缝高低差</td><td>0.5</td><td>0.5</td><td>0.5</td><td>3</td><td>—</td><td>用钢直尺和塞尺检查</td></tr>
<tr><td>接缝宽度</td><td>1</td><td>1</td><td>—</td><td>—</td><td>—</td><td>用钢直尺检查</td></tr>
<tr><td></td><td></td><td></td><td>墙裙、勒脚上口直线度</td><td>2</td><td>—</td><td>2</td><td>3</td><td>3</td><td></td><td>拉 5 m 线，不足 5 m 拉通线，用钢直尺检查</td></tr>
</table>

5. 3. 5 隔墙质量应符合以下要求：

1 板材隔墙工程检查内容、质量要求、检查数量、方法应符合表 5.3.5-1 的规定。

表 5.3.5-1 板材隔墙工程检查内容、质量要求、检查数量、方法

类别	序号	检查内容	质量要求	检查数量	检查方法
主控项目	1	品种、规格、颜色和性能	隔墙板材的品种、规格、颜色和性能应符合设计要求。有隔声、隔热、阻燃和防潮等特殊要求的工程，板材应有相应性能等级的检验报告	同一生产厂家、同一品种、同一规格、同一批次检查一次	观察，检查产品合格证书、进场验收记录和性能检验报告
	2	预埋件、连接件的位置、数量及连接方法	应符合设计要求	同一品种的轻质隔墙工程每50间（大面积房间按轻质隔墙的墙面 $30\ m^2$ 为一间）应划分为一个检验批，不足50间也应划分为一个检验批。每个检验批应至少抽查10%，并不得少于3间；不足3间时应全数检查	观察、尺量检查，检查隐蔽工程验收记录
	3	安装质量	隔墙板材安装应牢固。现制钢丝网水泥隔墙与周边墙体的连接方法应符合设计要求		观察、手扳检查
	4	接缝材料的品种及接缝方法	应符合设计要求		观察，检查产品合格证书和施工记录
	5	安装位置	安装应位置正确，板材不应有裂缝或缺损		观察、尺量检查

续表 5.3.5-1

<table>
<tr><th>类别</th><th>序号</th><th colspan="2">检查内容</th><th colspan="4">质量要求</th><th>检查数量</th><th>检查方法</th></tr>
<tr><td rowspan="8">一般项目</td><td>1</td><td colspan="2">板材隔墙表面质量</td><td colspan="4">板材隔墙表面应光洁、平顺、色泽一致，接缝应均匀、顺直</td><td rowspan="8">同一品种的轻质隔墙工程每50间（大面积房间按轻质隔墙的墙面 $30\ m^2$ 为一间）应划分为一个检验批，不足50间也应划分为一个检验批。每个检验批应至少抽查10%，并不得少于3间；不足3间时应全数检查</td><td>观察、手摸检查</td></tr>
<tr><td>2</td><td colspan="2">隔墙上孔洞处理</td><td colspan="4">隔墙上的孔洞、槽、盒应位置正确、套割方正、边缘整齐</td><td>观察</td></tr>
<tr><td rowspan="6">3</td><td colspan="2" rowspan="2"></td><td colspan="2">复合轻质墙板</td><td rowspan="2">石膏空心板</td><td rowspan="2">增强水泥板、混凝土轻质板</td><td rowspan="2"></td></tr>
<tr><td>金属夹芯板</td><td>其他复合板</td></tr>
<tr><td>立面垂直度</td><td rowspan="4">允许偏差(mm)</td><td>2</td><td>3</td><td>3</td><td>3</td><td>用 2 m 垂直检测尺检查</td></tr>
<tr><td>表面平整度</td><td>2</td><td>3</td><td>3</td><td>3</td><td>用 2 m 靠尺和塞尺检查</td></tr>
<tr><td>阴阳角方正</td><td>3</td><td>3</td><td>3</td><td>4</td><td>用 200 mm 直角检测尺检查</td></tr>
<tr><td>接缝高低差</td><td>1</td><td>2</td><td>2</td><td>3</td><td>用钢直尺和塞尺检查</td></tr>
</table>

2 骨架隔墙工程检查内容、质量要求、检查数量、方法应符合表 5.3.5-2 的规定。

表 5.3.5-2　骨架隔墙工程检查内容、质量要求、检查数量、方法

<table>
<tr><th>类别</th><th>序号</th><th>检查内容</th><th>质量要求</th><th>检查数量</th><th>检查方法</th></tr>
<tr><td rowspan="6">主控项目</td><td>1</td><td>品种、规格、颜色和性能</td><td>骨架隔墙所用龙骨、配件、墙面板、填充材料及嵌缝材料的品种、规格、性能和木材的含水率应符合设计要求。有隔声、隔热、阻燃和防潮等特殊要求的工程，材料应有相应性能等级的检验报告</td><td>同一生产厂家、同一品种、同一规格、同一批次检查一次</td><td>观察，检查产品合格证书、进场验收记录、性能检验报告和复验报告</td></tr>
<tr><td>2</td><td>骨架隔墙与周边构件连接</td><td>骨架隔墙地梁所用材料、尺寸及位置等应符合设计要求。骨架隔墙的沿地、沿顶及边框龙骨必须与基体结构连接牢固</td><td rowspan="5">同一品种的轻质隔墙工程每50间（大面积房间按轻质隔墙的墙面 30m^2 为一间）应划分为一个检验批，不足50间也应划分为一个检验批。每个检验批应至少抽查10%，并不得少于3间；不足3间时应全数检查</td><td>手扳检查、尺量检查，检查隐蔽工程验收记录</td></tr>
<tr><td>3</td><td>龙骨</td><td>骨架隔墙中龙骨间距和构造连接方法应符合设计要求。骨架内设备管线的安装、门窗洞口等部位加强龙骨的安装应牢固、位置正确。填充材料的品种、厚度及设置应符合设计要求</td><td>检查隐蔽工程验收记录</td></tr>
<tr><td>4</td><td>木龙骨及木墙面板的防火和防腐处理</td><td>应符合设计要求</td><td>观察，检查产品合格证书和施工记录</td></tr>
<tr><td>5</td><td>安装位置</td><td>骨架隔墙的墙面板应安装牢固，无脱层、翘曲、折裂及缺损</td><td>观察、手扳检查</td></tr>
<tr><td>6</td><td>墙面板所用接缝材料的接缝方法</td><td>应符合设计要求</td><td>观察</td></tr>
</table>

续表 5.3.5-2

类别	序号	检查内容		质量要求		检查数量	检查方法
一般项目	1	板材隔墙表面质量		骨架隔墙表面应平整光滑、色泽一致、洁净、无裂缝，接缝应均匀、顺直		同一品种的轻质隔墙工程每50间（大面积房间按轻质隔墙的墙面30m² 为一间）应划分为一个检验批，不足50间也应划分为一个检验批。每个检验批应至少抽查10%，并不得少于3间；不足3间时应全数检查	观察、手摸检查
	2	隔墙上孔洞处理		隔墙上的孔洞、槽、盒应位置正确、套割方正、边缘整齐			观察
	3	骨架隔墙内的填充材料		骨架隔墙内的填充材料应干燥，填充应密实、均匀、无下坠			轻敲检查；检查隐蔽工程验收记录
	4		允许偏差(mm)	纸面石膏板	人造木板、水泥纤维板		
		立面垂直度		3	4		用2 m垂直检测尺检查
		表面平整度		3	3		用2 m靠尺和塞尺检查
		阴阳角方正		3	3		用200 mm直角检测尺检查
		接缝直线度		—	3		拉5 m线，不足5 m拉通线，用钢直尺检查
		压条直线度		—	3		拉5 m线，不足5 m拉通线，用钢直尺检查
		接缝高低差		1	1		用钢直尺和塞尺检查

3 活动隔墙工程检查内容、质量要求、检查数量、方法应符合表 5.3.5-3 的规定。

表 5.3.5-3　活动隔墙工程检查内容、质量要求、检查数量、方法

类别	序号	检查内容	质量要求	检查数量	检查方法
主控项目	1	品种、规格、颜色和性能	活动隔墙所用墙板、轨道、配件等材料的品种、规格、性能和人造木板甲醛释放量、燃烧性能应符合设计要求	同一生产厂家、同一品种、同一规格、同一批次检查一次	观察；检查产品合格证书、进场验收记录、性能检验报告和复验报告
	2	活动隔墙轨道必须与基体结构连接	活动隔墙轨道必须与基体结构连接牢固，并应位置正确	同一品种的轻质隔墙工程每 50 间（大面积房间按轻质隔墙的墙面 30 m^2 为一间）应划分为一个检验批，不足 50 间也应划分为一个检验批。每个检验批应至少抽查 10%，并不得少于 3 间；不足 3 间时应全数检查	尺量检查、手扳检查
	3	构配件安装	活动隔墙用于组装、推拉和制动的构配件应安装牢固、位置正确，推拉应安全、平稳、灵活		尺量检查、手扳检查、推拉检查
	4	活动隔墙的组合方式、安装方法	应符合设计要求		观察，检查产品合格证书和施工记录
一般项目	1	隔墙表面质量	活动隔墙表面应色泽一致、平整光滑、洁净，线条应顺直、清晰		观察、手摸检查

续表 5.3.5-3

<table>
<tr><th>类别</th><th>序号</th><th colspan="2">检查内容</th><th>质量要求</th><th>检查数量</th><th>检查方法</th></tr>
<tr><td rowspan="7">一般项目</td><td>2</td><td colspan="2">隔墙上孔洞处理</td><td>活动隔墙上的孔洞、槽、盒应位置正确、套割吻合、边缘整齐</td><td rowspan="7">同一品种的轻质隔墙工程每 50 间（大面积房间按轻质隔墙的墙面 30 m^2 为一间）应划分为一个检验批，不足 50 间也应划分为一个检验批。每个检验批应至少抽查 10%，并不得少于 3 间；不足 3 间时应全数检查</td><td>观察</td></tr>
<tr><td>3</td><td colspan="2">推拉效果</td><td>活动隔墙推拉应无噪声</td><td>轻敲检查，检查隐蔽工程验收记录</td></tr>
<tr><td rowspan="5">4</td><td>立面垂直度</td><td rowspan="5">允许偏差（mm）</td><td>3</td><td>用 2 m 垂直检测尺检查</td></tr>
<tr><td>表面平整度</td><td>2</td><td>用 2 m 靠尺和塞尺检查</td></tr>
<tr><td>接缝直线度</td><td>3</td><td>拉 5 m 线，不足 5 m 拉通线，用钢直尺检查</td></tr>
<tr><td>接缝高低差</td><td>2</td><td>用钢直尺和塞尺检查</td></tr>
<tr><td>接缝宽度</td><td>2</td><td>用钢直尺检查</td></tr>
</table>

4 玻璃隔墙工程检查内容、质量要求、检查数量、方法应符合表 5.3.5-4 的规定。

表 5.3.5-4　玻璃隔墙工程检查内容、质量要求、检查数量、方法

类别	序号	检查内容	质量要求	检查数量	检查方法
主控项目	1	活动隔墙所用墙板、轨道、配件等材料的品种、规格、性能和人造木板甲醛释放量、燃烧性能	应符合设计要求	同一生产厂家、同一品种、同一规格、同一批次检查一次	观察，检查产品合格证书、进场验收记录和性能检验报告
一般项目	2	玻璃板安装及玻璃砖砌筑方法	应符合设计要求	同一品种的轻质隔墙工程每 50 间（大面积房间按轻质隔墙的墙面 30 m² 为一间）应划分为一个检验批，不足 50 间也应划分为一个检验批。每个检验批应至少抽查 10%，并不得少于 3 间；不足 3 间时应全数检查	观察
	3	有框玻璃板隔墙安装	受力杆件应与基体结构连接牢固，玻璃板安装橡胶垫位置应正确。玻璃板安装应牢固，受力应均匀		观察、手推检查，检查施工记录
	4	无框玻璃板隔墙安装	受力爪件应与基体结构连接牢固，爪件的数量、位置应正确，爪件与玻璃板的连接应牢固		观察、手推检查，检查施工记录
	5	玻璃门与玻璃墙板的连接、地弹簧的安装位置	应符合设计要求		观察、开启检查，检查施工记录
	6	玻璃砖隔墙砌筑中埋设的拉结筋应与基体结构连接牢固，数量、位置应正确	拉结筋应与基体结构连接牢固，数量、位置应正确		手扳检查、尺量检查，检查隐蔽工程验收记录

续表 5.3.5-4

<table>
<tr><th>类别</th><th>序号</th><th colspan="2">检查内容</th><th colspan="2">质量要求</th><th>检查数量</th><th>检查方法</th></tr>
<tr><td rowspan="10">一般项目</td><td>1</td><td colspan="2">玻璃隔墙表面质量</td><td colspan="2">应色泽一致、平整洁净、清晰美观。</td><td rowspan="10">同一品种的轻质隔墙工程每50间（大面积房间按轻质隔墙的墙面30 m^{2}为一间）应划分为一个检验批，不足50间也应划分为一个检验批。每个检验批应至少抽查10%，并不得少于3间；不足3间时应全数检查</td><td>观察</td></tr>
<tr><td>2</td><td colspan="2">玻璃隔墙接缝</td><td colspan="2">接缝应横平竖直，玻璃应无裂痕、缺损和划痕</td><td>观察</td></tr>
<tr><td>3</td><td colspan="2">玻璃板隔墙嵌缝及玻璃砖隔墙勾缝</td><td colspan="2">应密实平整、均匀顺直、深浅一致</td><td>观察</td></tr>
<tr><td rowspan="7">4</td><td rowspan="7">安装允许偏差（mm）</td><td></td><td>玻璃砖</td><td>玻璃板</td><td></td></tr>
<tr><td>立面垂直度</td><td>2</td><td>3</td><td>用2 m垂直检测尺检查</td></tr>
<tr><td>表面平整度</td><td>—</td><td>3</td><td>用2 m靠尺和塞尺检查</td></tr>
<tr><td>阴阳角方正</td><td>2</td><td>—</td><td>用200 mm直角检测尺检查</td></tr>
<tr><td>接缝直线度</td><td>2</td><td>—</td><td>拉5 m线，不足5 m拉通线，用钢直尺检查</td></tr>
<tr><td>接缝高低差</td><td>2</td><td>3</td><td>用钢直尺和塞尺检查</td></tr>
<tr><td>接缝宽度</td><td>1</td><td>—</td><td>用钢直尺检查</td></tr>
</table>

5.3.6 软包工程检查内容、质量要求、检查数量、方法应符合表 5.3.6 的规定。

表 5.3.6　软包工程检查内容、质量要求、检查数量、方法

<table>
<tr><th>类别</th><th>序号</th><th>检查内容</th><th>质量要求</th><th>检查数量</th><th>检查方法</th></tr>
<tr><td rowspan="5">主控项目</td><td>1</td><td>软包边框所选木材的材质、花纹、颜色和燃烧性能等级</td><td>应符合设计要求及国家现行标准的有关规定</td><td rowspan="2">同一生产厂家、同一品种、同一规格、同一批次检查一次</td><td>观察检查；检查产品合格证、进场验收记录、性能检验报告和复验报告</td></tr>
<tr><td>2</td><td>软包面料、内衬材料及边框的材质、颜色、图案、燃烧性能等级和木材的含水率</td><td>应符合设计要求及国家现行标准的有关规定</td><td>观察检查，检查产品合格证、进场验收记录、性能检验报告和复验报告</td></tr>
<tr><td>3</td><td>安装位置、构造做法</td><td>应符合设计要求</td><td rowspan="4">同一品种的软包工程每50个自然间（大面积房间按施工面积 $30\ m^2$ 为一间）划分为一个检验批，不足50间也划分为一个检验批。每个检验批应至少抽查10间，不足10间的应全数检查</td><td>观察</td></tr>
<tr><td>4</td><td>龙骨、边框安装</td><td>龙骨、边框应安装牢固</td><td>手扳检查</td></tr>
<tr><td>5</td><td>软包衬板与基层、相邻板面接缝连接</td><td>软包衬板与基层应连接牢固，无翘曲、变形，拼缝应平直，相邻板面接缝应符合设计要求，横向无错位拼接的分格应保持通缝</td><td>观察检查，检查施工记录</td></tr>
<tr><td>一般项目</td><td>1</td><td>软包表面质量</td><td>单块软包面料不应有接缝，四周应绷压严密。需要拼花的，拼接处花纹、图案应吻合。软包饰面上电器槽、盒的开口位置、尺寸应正确，套割应吻合，槽、盒四周应镶硬边</td><td>观察检查、手摸检查</td></tr>
</table>

续表 5.3.6

类别	序号	检查内容		质量要求	检查数量	检查方法
一般项目	2	边框安装质量		边框表面应平整、光滑、顺直，无色差、无钉眼；对缝、拼角应均匀对称、接缝吻合。清漆制品木纹、色泽应协调一致。其表面涂饰质量应符合本章涂饰部分的有关规定	同一品种的软包工程每 50 个自然间（大面积房间按施工面积 30 m^2 为一间）划分为一个检验批，不足 50 间也划分为一个检验批。每个检验批应至少抽查 10 间，不足 10 间的应全数检查	观察、手摸检查
	3	软包内衬		内衬应饱满，边缘应平齐		观察
	4	软包墙面与装饰线、踢脚板、门窗框的交接处做法		交接处应吻合、严密、顺直。交接（留缝）方式应符合设计要求		观察检查
	5	安装允许偏差（mm）	项目	允许偏差（mm）		
			单块软包边框水平度	3		用 1m 水平尺和塞尺检查
			单块软包边框垂直度	3		用 1m 垂直检测尺检查
			单块软包对角线长度差	3		从框的裁口里角用钢尺检查
			单块软包宽度、高度	0，－2		从框的裁口里角用钢尺检查
			分格条（缝）直线度	3		拉 5 m 线，不足 5 m 拉通线用钢直尺检查
			裁口线条结合处高度差	1		用直尺和塞尺检查

6 天棚工程

6.1 一般规定

6.1.1 本章适用于整体面层吊顶、板块面层吊顶和格栅吊顶天棚，非吊顶天棚的裱糊、涂饰等工程的施工与质量控制。

6.1.2 重型灯具、电扇及其他重型设备严禁安装在吊顶龙骨上。

6.1.3 安装龙骨前，应按设计要求对房间净高、洞口标高和吊顶内管道、设备及其支架的标高进行检验。

6.1.4 安装饰面板前应完成吊顶内管道、设备、电线电缆试验和隐蔽工程验收。

6.1.5 裱糊工程、涂饰工程按本标准5.2、5.3的规定执行。

6.2 施工要点

6.2.1 龙骨的安装应符合以下要求：

1 应根据吊顶的设计标高在四周墙上弹线。弹线应清晰，位置应准确。主龙骨安装后应及时校正其位置标高。

2 吊杆应通直，距主龙骨净距不得超过300 mm，距离大于300 mm时，应增加吊杆，长度大于1.5 m时，应设置反支撑。当吊杆与设备相遇时，应调整吊点构造或增设吊杆；当吊杆与预埋吊筋焊接时，必须采用搭接满焊，焊长不小于60 mm；无预埋吊筋时，应使用ϕ10膨胀螺栓固定于楼层结构，吊杆直径不应小于ϕ8。

3 次龙骨应紧贴主龙骨。固定板材的次龙骨间距不得大于600 mm（潮湿环境宜为300 mm ~ 400 mm），用沉头自攻钉安装饰面板时，接缝处次龙骨宽度不得小于40 mm。

4 暗龙骨系列横撑龙骨应用连接件将其两端连接在通长次龙骨上；明龙骨系列的横撑龙骨与通长龙骨搭接处的间隙不得大于1mm。

5 边龙骨应按设计要求弹线，固定在四周墙上。

6 全面校正主次龙骨的位置及平整度,连接件应错位安装。

7 吊点间距、起拱应按设计要求施工，如设计未具体要求，吊点间距应小于1.2 m，按房间短向跨度1‰～3‰起拱。

6.2.2 饰面板的安装应符合以下要求：

1 暗龙骨饰面板（包括纸面石膏板、纤维增强水泥板、纤维增强硅钙板、胶合板、金属方块板、金属条形板、塑料条形板、石膏板、矿棉板和格栅等）安装要求：

1）以轻钢龙骨、铝合金龙骨为骨架，采用钉固法安装时应使用沉头自攻钉固定。

2）以木龙骨为骨架，采用钉固法安装时应使用木螺钉固定，胶合板可用铁钉固定。

3）金属饰面板采用吊挂连接件、插接件固定时应按产品说明书的规定放置。

4）采用复合粘贴法安装时，胶粘剂未完全固化前板材不得有振动。

2 纸面石膏板、纤维增强水泥板、纤维增强硅酸钙板安装要求：

1）材料应在自由状态下进行安装，固定时应从板的中间向板的四周固定。

2）纸面石膏板螺钉与板边距离：纸包边宜为10 mm～15 mm，切割边宜为15 mm～20 mm；纤维增强水泥板螺钉与板边距离宜为8 mm～15 mm。

3）板周钉距宜为150 mm～170 mm，板中钉距不得大于200 mm，螺钉应与板面垂直。

4）螺钉头宜略埋入板面，并不得使纸面破损。钉眼应做防锈处理并用专用腻子抹平。

5）安装双层石膏板时，上下层板的接缝应错开，不得在同一根龙骨上接缝；

6）石膏板的接缝应按设计要求进行板缝处理，与周边墙面宜设置伸缩缝。

3 石膏板、钙塑板安装要求：

1）当采用钉固法安装时，螺钉与板边距离不得小于15 mm，螺钉间距宜为150 mm ~ 170 mm，均匀布置，并应与板面垂直，钉帽应进行防锈处理，并应用与板面颜色相同涂料、涂饰或用石膏腻子抹平。

2）当采用粘结法安装时，胶粘剂应涂抹均匀，不得漏涂。

4 矿棉装饰吸声板安装要求：

1）房间内湿度过大时不宜安装。

2）安装前应预先排板，保证花样、图案的整体性。

3）安装时，吸声板上不得放置其他材料，防止板材受压变形。

5 明龙骨饰面板安装要求

1）饰面板安装应确保企口的相互咬接及图案花纹的吻合。

2）饰面板与龙骨嵌装时应防止相互挤压过紧和脱挂。

3）采用搁置法安装时应留有板材安装缝，每边缝隙不宜大于1 mm。

4）玻璃吊顶龙骨上留置的玻璃搭接宽度应符合设计要求，并应采用软连接。

5）装饰吸声板的安装如采用搁置法安装，应有定位措施。

6. 2. 3 饰面板上的灯具、风口篦子等设备的位置应合理、美观，与饰面板交接处应严密。

6. 2. 4 胶粘剂的类型应按所用饰面板的品种配套选用。

6.3 质量要求

6. 3. 1 天棚工程所使用主要材料应进行入场复检，复检项目应符合国家现行标准及本标准附录B的规定。

6.3.2 吊顶工程质量应符合以下要求：

1 整体面层吊顶工程检查内容、质量要求、检查数量、方法应符合表6.3.2-1的规定。

表 6.3.2–1 整体面层吊顶工程检查内容、质量要求、检查数量、方法

类别	序号	检查内容	质量要求	检查数量	检查方法
主控项目	1	饰面材料的材质、品种、规格、图案、颜色和性能	应符合设计要求及国家现行标准的有关规定	同一生产厂家、同一品种、同一规格、同一批次检查一次	观察，检查产品合格证书、性能检验报告、进场验收记录和复验报告
	2	吊顶标高、尺寸、起拱和造型	应符合设计要求	同一品种的吊顶工程每50间(大面积房间按吊顶面积30 m^2为一间)应划分为一个检验批，不足50间也应划分为一个检验批。同一品种的吊顶工程每50间（大面积房间按吊顶面积30 m^2为一间)应划分为一个检验批，不足50间也应划分为一个检验批。每个检验批应至少抽查10%，并不得少于3间；不足3间时应全数检查	观察、尺量检查
	3	整体面层吊顶工程的吊杆、龙骨和饰面材料的安装	安装必须牢固		观察、手扳检查，检查隐蔽工程验收记录和施工记录
	4	吊杆和龙骨的材质、规格、安装间距及连接、处理	安装符合设计要求。金属吊杆合龙骨应经过表面防腐处理；木龙骨应进行防腐、防火处理		观察、尺量检查，检查产品合格证书、性能检测报告、进场验收记录和隐蔽工程验收记录
	5	石膏板、水泥纤维板的接缝	接缝应按其施工工艺标准进行板缝防裂处理。安装双层饰面板时，面层板与基层板的接缝应错开，并不得在同一根龙骨上接缝		观察

续表 6.3.2-1

<table>
<tr><th>类别</th><th>序号</th><th>检查内容</th><th colspan="2">质量要求</th><th>检查数量</th><th>检查方法</th></tr>
<tr><td rowspan="6">一般项目</td><td>1</td><td>饰面材料表面质量</td><td colspan="2">饰面材料表面应洁净、色泽一致，不得有翘曲、裂缝及缺损。饰面板与明龙骨的搭接应平整、吻合，压条应平直、宽窄一致</td><td rowspan="6">同一品种的吊顶工程每50间（大面积房间按吊顶面积 30 m^2 为一间）应划分为一个检验批，不足50间也应划分为一个检验批。同一品种的吊顶工程每50间（大面积房间按吊顶面积 30 m^2 为一间）应划分为一个检验批，不足50间也应划分为一个检验批。每个检验批应至少抽查10%，并不得少于3间；不足3间时应全数检查</td><td>观察、尺量检查</td></tr>
<tr><td>2</td><td>灯具等设备</td><td colspan="2">饰面板上的灯具、烟感器、喷淋头、风口篦子等设备的位置应合理、美观，与饰面板的交接应吻合、严密</td><td>观察</td></tr>
<tr><td>3</td><td>龙骨接缝</td><td colspan="2">金属龙骨的接缝应平整、吻合、颜色一致，不得有划伤、擦伤等表面缺陷。木质龙骨应平整、顺直，无劈裂和变形</td><td>检查隐蔽工程验收记录和施工记录</td></tr>
<tr><td>4</td><td>吊顶内填充吸声材料的品种和铺设厚度</td><td colspan="2">应符合设计要求，并应有防散落措施</td><td>检查隐蔽工程验收记录和施工记录</td></tr>
<tr><td rowspan="2">5</td><td rowspan="2">吊顶工程安装的允许偏差（mm）</td><td>表面平整度</td><td>3</td><td>用 2 m 靠尺和塞尺检查</td></tr>
<tr><td>缝格、凹槽直线度</td><td>2</td><td>拉 5 m 线，不足 5 m 拉通线，用钢直尺检查</td></tr>
</table>

2 板块面层吊顶工程检查内容、质量要求、检查数量、方法应符合表 6.3.2-2 的规定。

表 6.3.2–2 板块面层吊顶工程检查内容、质量要求、检查数量、方法

类别	序号	检查内容	质量要求	检查数量	检查方法
主控项目	1	饰面材料的材质、品种、规格、图案、颜色和性能	应符合设计要求及国家现行标准的有关规定	同一生产厂家、同一品种、同一规格、同一批次检查一次	观察，检查产品合格证书、性能检验报告、进场验收记录和复验报告
	2	吊顶标高、尺寸、起拱和造型	应符合设计要求	同一品种的吊顶工程每 50 间（大面积房间按吊顶面积 30 m^2 为一间）应划分为一个检验批，不足 50 间也应划分为一个检验批。同一品种的吊顶工程每 50 间（大面积房间按吊顶面积 30 m^2 为一间）应划分为一个检验批，不足 50 间也应划分为一个检验批。每个检验批应至少抽查 10%，并不得少于 3 间；不足 3 间时应全数检查	观察、尺量检查
	3	饰面材料的安装	安装应稳固严密。饰面材料与龙骨的搭接宽度应大于龙骨受力面宽度的 2/3		观察、手扳检查，尺量检查
	4	吊杆和龙骨的材质、规格、安装间距及连接及处理	应符合设计要求。金属吊杆和龙骨应进行表面防腐处理；木龙骨应进行防腐、防火处理		观察、尺量检查，检查产品合格证书、进场验收记录和隐蔽工程验收记录
	5	板块面层吊顶工程的吊杆和龙骨安装	安装必须牢固		手扳检查，检查隐蔽工程验收记录和施工记录
一般项目	1	饰面材料表面质量	饰面材料表面应洁净、色泽一致，不得有翘曲、裂缝及缺损。饰面板与龙骨的搭接应平整、吻合，压条应平直、宽窄一致		观察、尺量检查

续表 6.3.2-2

<table>
<tr><th>类别</th><th>序号</th><th colspan="2">检查内容</th><th colspan="4">质量要求</th><th>检查数量</th><th>检查方法</th></tr>
<tr><td rowspan="7">一般项目</td><td>2</td><td colspan="2">灯具等设备</td><td colspan="4">饰面板上的灯具、烟感器、喷淋头、风口篦子等设备的位置应合理、美观，与饰面板的交接应吻合、严密</td><td rowspan="7">同一品种的吊顶工程每50间（大面积房间按吊顶面积30 m²为一间）应划分为一个检验批，不足50间也应划分为一个检验批。同一品种的吊顶工程每50间（大面积房间按吊顶面积30 m²为一间）应划分为一个检验批，不足50间也应划分为一个检验批。每个检验批应至少抽查10%，并不得少于3间；不足3间时应全数检查</td><td>观察</td></tr>
<tr><td>3</td><td colspan="2">龙骨接缝</td><td colspan="4">金属龙骨的接缝应平整、吻合、颜色一致，不得有划伤和擦伤等表面缺陷。木质龙骨应平整、顺直，应无劈裂</td><td>观察</td></tr>
<tr><td>4</td><td colspan="2">吊顶内填充吸声材料的品种和铺设厚度</td><td colspan="4">应符合设计要求，并应有防散落措施</td><td>检查隐蔽工程验收记录和施工记录</td></tr>
<tr><td rowspan="4">5</td><td rowspan="4">安装允许偏差（mm）</td><td>项目</td><td>石膏板</td><td>金属板</td><td>矿棉板</td><td>木板、塑料板、玻璃板、石材板、复合板</td><td></td></tr>
<tr><td>表面平整度</td><td>3</td><td>2</td><td>3</td><td>3</td><td>用2 m靠尺和塞尺检查</td></tr>
<tr><td>接缝直线度</td><td>3</td><td>2</td><td>3</td><td>3</td><td>拉5 m线，不足5 m拉通线，用钢直尺检查</td></tr>
<tr><td>接缝高低差</td><td>1</td><td>1</td><td>2</td><td>1</td><td>用钢直尺和塞尺检查</td></tr>
</table>

3 格栅吊顶工程检查内容、质量要求、检查数量、方法应符合表 6.3.2-3 的规定。

表 6.3.2-3　格栅吊顶工程检查内容、质量要求、检查数量、方法

类别	序号	检查内容	质量要求	检查数量	检查方法
主控项目	1	格栅的材质、品种、规格、图案、颜色和性能	应符合设计要求及国家现行标准的有关规定	同一生产厂家、同一品种、同一规格、同一批次检查一次	观察，检查产品合格证书、性能检验报告、进场验收记录和复验报告
	2	吊顶标高、尺寸、起拱和造型	应符合设计要求	同一品种的吊顶工程每 50 间（大面积房间按吊顶面积 30 m² 为一间）应划分为一个检验批，不足 50 间也应划分为一个检验批。同一品种的吊顶工程每 50 间（大面积房间按吊顶面积 30 m² 为一间）应划分为一个检验批，不足 50 间也应划分为一个检验批。每个检验批应至少抽查 10%，并不得少于 3 间；不足 3 间时应全数检查	观察、尺量检查
	3	吊杆和龙骨的材质、规格、安装间距及连接及处理	应符合设计要求。金属吊杆和龙骨应进行表面防腐处理；木龙骨应进行防腐、防火处理		观察、尺量检查，检查产品合格证书、进场验收记录和隐蔽工程验收记录
	4	吊顶工程的吊杆和龙骨安装	安装必须牢固		手扳检查，检查隐蔽工程验收记录和施工记录
一般项目	1	格栅表面质量	格栅表面应洁净、色泽一致，不得有翘曲、裂缝及缺损。栅条角度应一致，边缘应整齐，接口应无错位。压条应平直、宽窄一致		观察、尺量检查
	2	灯具等设备	吊顶的灯具、烟感器、喷淋头、风口篦子和检修口等设备设施的位置应合理、美观，与格栅的套割交接处应吻合、严密		观察

续表 6.3.2-3

<table>
<tr><th>类别</th><th>序号</th><th colspan="2">检查内容</th><th colspan="2">质量要求</th><th>检查数量</th><th>检查方法</th></tr>
<tr><td rowspan="6">一般项目</td><td>3</td><td colspan="2">龙骨接缝</td><td colspan="2">金属龙骨的接缝应平整、吻合、颜色一致，不得有划伤和擦伤等表面缺陷。木质龙骨应平整、顺直，应无劈裂</td><td rowspan="6">同一品种的吊顶工程每 50 间（大面积房间按吊顶面积 30 m^2 为一间）应划分为一个检验批，不足 50 间也应划分为一个检验批。同一品种的吊顶工程每 50 间（大面积房间按吊顶面积 30 m^2 为一间）应划分为一个检验批，不足 50 间也应划分为一个检验批。每个检验批应至少抽查 10%，并不得少于 3 间；不足 3 间时应全数检查</td><td>观察</td></tr>
<tr><td>4</td><td colspan="2">格栅吊顶内楼板、管线设备等饰面处理</td><td colspan="2">应符合设计要求，吊顶内各种设备管线布置应合理、美观</td><td>观察</td></tr>
<tr><td rowspan="4">5</td><td rowspan="4">安装允许偏差（mm）</td><td>项目</td><td>金属格栅</td><td>木格栅、塑料格栅、复合材料格栅</td><td></td></tr>
<tr><td>表面平整度</td><td>2</td><td>3</td><td>用 2 m 靠尺和塞尺检查</td></tr>
<tr><td>接缝直线度</td><td>2</td><td>3</td><td>拉 5 m 线，不足 5 m 拉通线，用钢直尺检查</td></tr>
<tr><td>接缝高低差</td><td>1</td><td>1</td><td>用钢直尺和塞尺检查</td></tr>
</table>

7 楼地面工程

7.1 一般规定

7.1.1 本章适用于地砖、石材、实木地板、复合地板、地毯等地面面层材料的施工与质量控制。

7.1.2 地面铺装宜在地面隐蔽工程、吊顶工程、墙面抹灰工程完成并验收后进行。

7.1.3 厨房、卫生间、露天阳台等有防水防潮及排水要求的地面，在面层铺贴前应检查防水、防潮质量，验收合格后方可施工；建筑地面面层与相连接各类面层的标高差应符合设计及现行国家行业标准的要求。

7.2 施工要点

7.2.1 地砖、石材的施工应符合以下要求：

1 在铺贴前，应对地砖的规格尺寸、外观质量、色泽等进行预选；需要时，应浸水湿润晾干待用。

2 天然石材在铺贴前应进行对色、拼花并试拼、编号，重点检查房间的几何尺寸是否整齐。并且采取防护背涂措施，避免出现污损、泛碱等现象。

3 地砖铺装前应现场排砖，避免小狭条和板块小于1/4边长的边角料，并宜与墙面砖对缝铺贴。铺装时应方正、平直。

4　铺贴前应根据设计要求确定结合层砂浆厚度，拉十字线控制其厚度和地砖（含石材）表面平整度。

5　地砖、石材铺贴时应保持水平就位，用橡皮锤轻击使其与砂浆粘结紧密，同时调整其表面平整度及缝宽。

6　结合层砂浆宜采用体积比为1∶3的干硬性水泥砂浆，厚度宜高出实铺厚度2 mm ~ 3 mm。铺贴前应在水泥砂浆上刷一道水灰比为1∶2的素水泥浆或干铺水泥1 mm ~ 2 mm后洒水。

7　厨房和卫生间与其他房间交接部位应采取防水措施。应预留好1%左右的坡度并指向地漏方向以便于排水。

8　铺贴后应及时清理表面，24 h后用1∶1水泥浆灌缝，选择专用勾缝剂或与地面颜色一致的颜料与白水泥拌和均匀后嵌缝。

7.2.2　地板的施工应符合以下要求：

1　施工前检查地坪、清洁地面，清除污物。

2　地板铺设时板缝不应大于3 mm，板与墙间应留8 mm ~ 12 mm空隙。

3　与卫生间、厨房等潮湿场所相邻木地板连接处应做防水（防潮）处理。

4　地板铺装前应对基层进行防潮处理，防潮层宜涂刷防水涂料或铺设塑料薄膜。

5　铺装时应对地板进行选配，宜将纹理、颜色接近的地板集中使用于一个房间或部位。

6　房间长度或宽度超过8 m时，应在适当位置设置伸缩缝。

7　单层直铺地板的基层应平整、无油污。需要专用胶粘剂粘贴的，铺贴前应在基层刷一层薄而匀的底胶以提高粘结力。铺贴时基层和地板背面均应刷胶，待不粘手后再进行铺贴。拼板时应用榔头垫木块敲打紧密，溢出的胶液应及时清理干净。

8 踢脚线应与墙体靠实，整体成直线。踢脚线基层采用木针或钉子固定，木针孔采用电锤打眼，并成之字形排列，打眼部位应避开预埋管线。踢脚板横向接缝应在家具背后或较隐蔽处、收口接头处用45°拼接。

7.2.3 地毯的施工应符合以下要求：

1 地毯铺设前应对基层进行检验。水泥类面层（或基层）表面应坚硬、平整、光洁、干燥、无裂缝，并应清除油污、钉头和其他突出物。铺设纯毛地毯应作好地面及墙地面阴角处的防水防潮处理。

2 卷材地毯下的海绵衬垫应满铺平整，针线接缝处用胶带纸粘结牢固。胶带接线时，要用电熨斗在胶带的无胶面上熨烫，使胶质熔解。

3 方块地毯铺设前应根据房间尺寸预排，避免出现狭条。

4 裁剪楼梯地毯时，长度应留有一定余量，以便在使用中可挪动常磨损的位置。铺设楼梯地毯时，每梯段顶端地毯应用压条固定于地平面（台）上。每级阴角处的固定方式应符合设计要求。

7.3 质量要求

7.3.1 楼地面用砖、石材、地板、地毯等主要材料应进行入场复检，复检项目应符合国家现行标准及本标准附录B的规定。

7.3.2 地砖、石材面层质量应符合以下要求：

1 地砖面层工程检查内容、质量要求、检查数量、方法应符合表 7.3.2-1 的规定。

表 7.3.2-1　地砖面层工程检查内容、质量要求、检查数量、方法

类别	序号	检查内容	质量要求	检查数量	检查方法
主控项目	1	品种、规格、颜色和性能	面层所用的板块的品牌、质量应符合设计要求	同一生产厂家、同一品种、同一规格、同一批次检查一次	观察检查
	2	放射性检验	砖面层所用板块产品进入施工现场时，应有放射性限量合格的检测报告		检查检测报告
	3	面层与下一次层结合	面层与下一层的结合（粘结）应牢固，无空鼓	低层、多层及高层建筑的非标准层按每一层次划分检验批，高层建筑的标准层可按每三层（不足三层按三层计）划分检验批。每检验批应以各子分部工程的各类面层所划分的分项工程按自然间（或标准间）检验，抽查数量应随机检验不应少于 3 间；不足 3 间时应全数检查	用小锤轻击检查
一般项目	1	面层表面质量	砖面层的表面应洁净、图案清晰，色泽应一致，接缝平整，深浅一致，周边顺直。板块应无裂纹、掉角和缺楞等缺陷		观察检查
	2	邻接处镶边用料	面层邻接处的镶边用料及尺寸应符合设计要求，边角整齐、光滑		观察和用钢尺检查
	3	踢脚线质量	踢脚线表面应洁净，与柱、墙面的结合应牢固。踢脚线高度及出柱、墙厚度应符合设计要求，且均匀一致		观察和用小锤轻击及钢尺检查
	4	楼梯、台阶踏步	楼梯、台阶踏步的宽度、高度应符合设计要求。踏步板块的缝隙宽度应一致；楼层梯段相邻踏步高度差不应大于 10 mm；每踏步两端宽度差不应大于 10 mm，旋转楼梯梯段的每踏步两端宽度的允许偏差不应大于 5 mm。踏步面层应做防滑处理，齿脚应整齐、防滑条应顺直、牢固		观察和用钢尺检查

续表 7.3.2–1

<table>
<tr><th>类别</th><th>序号</th><th colspan="2">检查内容</th><th colspan="3">质量要求</th><th>检查数量</th><th>检查方法</th></tr>
<tr><td rowspan="7">一般项目</td><td>5</td><td colspan="2">面层表面坡度</td><td colspan="3">面层表面的坡度应符合设计要求，不倒泛水、无积水；与地漏、管道结合处应严密牢固，无渗漏</td><td rowspan="7">低层、多层及高层建筑的非标准层按每一层次划分检验批，高层建筑的标准层可按每三层（不足三层按三层计）划分检验批。每检验批应以各子分部工程的各类面层所划分的分项工程按自然间（或标准间）检验，抽查数量应随机检验不应少于3间；不足3间时应全数检查</td><td>观察、泼水或坡度尺及蓄水检查</td></tr>
<tr><td rowspan="6">6</td><td rowspan="6">面层允许偏差(mm)</td><td>项目</td><td>陶瓷锦砖面层、高级水磨石板、陶瓷地砖面层</td><td>缸砖面层</td><td>水泥花砖面层</td><td></td></tr>
<tr><td>表面平整度</td><td>2.0</td><td>4.0</td><td>3.0</td><td>使用2 m靠尺板和楔形塞尺检查</td></tr>
<tr><td>缝格平直</td><td>3.0</td><td>3.0</td><td>3.0</td><td>拉5 m线和用钢尺检查</td></tr>
<tr><td>接缝高低差</td><td>0.5</td><td>1.5</td><td>0.5</td><td>用钢直尺和楔形塞尺检查</td></tr>
<tr><td>踢脚线上口平直</td><td>3.0</td><td>4.0</td><td>—</td><td>拉5 m线和用钢尺检查</td></tr>
<tr><td>板块间隙宽度</td><td>2.0</td><td>2.0</td><td>2.0</td><td>用钢尺检查</td></tr>
</table>

2 大理石面层和花岗石面层工程检查内容、质量要求、检查数量、方法应符合表 7.3.2-2 的规定。

表 7.3.2-2　大理石面层和花岗石面层工程检查内容、质量要求、检查数量、方法

<table>
<tr><th>类别</th><th>序号</th><th>检查内容</th><th>质量要求</th><th>检查数量</th><th>检查方法</th></tr>
<tr><td rowspan="3">主控项目</td><td>1</td><td>品种、规格、颜色和性能</td><td>面层所用的板块的品牌、质量应符合设计要求</td><td rowspan="2">同一生产厂家、同一品种、同一规格、同一批次检查一次</td><td>观察检查</td></tr>
<tr><td>2</td><td>放射性检验</td><td>砖面层所用板块产品进入施工现场时，应有放射性限量合格的检测报告</td><td>检查检测报告</td></tr>
<tr><td>3</td><td>面层与下一次层结合</td><td>面层与下一层的结合(粘结)应牢固，无空鼓(单块板块边角允许有局部空鼓，但每自然间或标准间的空鼓板块不应超过总量的5%)</td><td rowspan="4">低层、多层及高层建筑的非标准层按每一层次划分检验批，高层建筑的标准层可按每三层(不足三层按三层计)划分检验批。每检验批应以各子分部工程的各类面层所划分的分项工程按自然间(或标准间)检验，抽查数量应随机检验不应少于3间；不足3间时应全数检查</td><td>用小锤轻击检查</td></tr>
<tr><td rowspan="3">一般项目</td><td>1</td><td>防碱处理</td><td>铺设前，板块的背面和侧面应进行防碱处理</td><td>观察检查和检查施工记录</td></tr>
<tr><td>2</td><td>面层表面质量</td><td>砖面层的表面应洁净、平整、无磨痕，且应图案清晰，色泽一致，接缝均匀，周边顺直，镶嵌正确，板块应无裂纹、掉角、缺棱等缺陷</td><td>观察检查</td></tr>
<tr><td>3</td><td>踢脚线质量</td><td>踢脚线表面应洁净，与柱、墙面的结合应牢固。踢脚线高度及出柱、墙厚度应符合设计要求，且均匀一致</td><td>观察和用小锤轻击及钢尺检查</td></tr>
</table>

续表 7.3.2-2

<table>
<tr><th>类别</th><th>序号</th><th colspan="2">检查内容</th><th colspan="2">质量要求</th><th>检查数量</th><th>检查方法</th></tr>
<tr><td rowspan="8">一般项目</td><td>4</td><td colspan="2">楼梯、台阶踏步</td><td colspan="2">楼梯、台阶踏步的宽度、高度应符合设计要求。踏步板块的缝隙宽度应一致；楼层梯段相邻踏步高度差不应大于 10 mm；每踏步两端宽度差不应大于 10 mm，旋转楼梯梯段的每踏步两端宽度的允许偏差不应大于 5 mm。踏步面层应做防滑处理，齿脚应整齐、防滑条应顺直、牢固</td><td rowspan="8">低层、多层及高层建筑的非标准层按每一层次划分检验批，高层建筑的标准层可按每三层（不足三层按三层计）划分检验批。每检验批应以各子分部工程的各类面层所划分的分项工程按自然间（或标准间）检验，抽查数量应随机检验不应少于 3 间；不足 3 间时应全数检查</td><td>观察和用钢尺检查</td></tr>
<tr><td>5</td><td colspan="2">面层表面坡度</td><td colspan="2">面层表面的坡度应符合设计要求，不倒泛水、无积水；与地漏、管道结合处应严密牢固，无渗漏</td><td>观察、泼水或坡度尺及蓄水检查</td></tr>
<tr><td rowspan="6">6</td><td rowspan="6">面层允许偏差（mm）</td><td>项目</td><td>大理石面层、花岗石面层、人造石面层、金属板面层</td><td>碎拼大理石、碎拼花岗石面层</td><td></td></tr>
<tr><td>表面平整度</td><td>1.0</td><td>3.0</td><td>使用 2 m 靠尺板和楔形塞尺检查</td></tr>
<tr><td>缝格平直</td><td>2.0</td><td>—</td><td>拉 5 m 线和用钢尺检查</td></tr>
<tr><td>接缝高低差</td><td>0.5</td><td>—</td><td>用钢直尺和楔形塞尺检查</td></tr>
<tr><td>踢脚线上口平直</td><td>1.0</td><td>1.0</td><td>拉 5 m 线和用钢尺检查</td></tr>
<tr><td>板块间隙宽度</td><td>1.0</td><td>—</td><td>用钢尺检查</td></tr>
</table>

7.3.3 地板工程检查内容、质量要求、检查数量、方法应符合表 7.3.3 的规定。

表 7.3.3 地板工程检查内容、质量要求、检查数量、方法

类别	序号	检查内容	质量要求	检查数量	检查方法
主控项目	1	品种、规格、颜色和性能	地板、铺设时所用的木（竹）材含水率、胶粘剂等应符合设计要求和国家现行有关标准的规定	同一生产厂家、同一品种、同一规格、同一批次检查一次	观察检查及检查进场复检报告、出厂检验报告、出厂合格证
	2	地板中的游离甲醛（释放量或含量）、溶剂型胶粘剂中的挥发性有机化合物（VOC）、苯、甲苯＋二甲苯；睡醒胶粘剂中的挥发性有机化合物（VOC）和游离甲醛	材料进入施工现场时，应有有害物质限量合格的检测报告		检查检测报告
	3	木搁栅、垫木和垫层地板	木搁栅、垫木和垫层地板施工前应做防腐、防蛀处理	低层、多层及高层建筑的非标准层按每一层次划分检验批，高层建筑的标准层可按每三层（不足三层按三层计）划分检验批。每检验批应以各子分部工程的各类面层所划分的分项工程按自然间（或标准间）检验，抽查数量应随机检验不应少于3间；不足3间时应全数检查	观察检查和检查验收记录
	4	木搁栅的安装	安装应牢固、平直		观察、行走、钢尺测量等检查和检查验收记录
	5	面层铺设	面层铺设应牢固；粘结应无空鼓、松动		观察、行走或用小锤轻击检查
一般项目	1	实木地板、实木集成地板面层质量	地板面层应刨平、磨光、无明显刨痕和毛刺等现象；图案应清晰、颜色应均匀一致		观察、手摸和行走检查

续表 7.3.3

<table>
<tr><th>类别</th><th>序号</th><th colspan="2">检查内容</th><th colspan="4">质量要求</th><th>检查数量</th><th>检查方法</th></tr>
<tr><td rowspan="13">一般项目</td><td>2</td><td colspan="2">竹地板面层质量</td><td colspan="4">地板面层的品种与规格应符合设计要求，板面应无翘曲</td><td rowspan="13">低层、多层及高层建筑的非标准层按每一层次划分检验批，高层建筑的标准层可按每三层（不足三层按三层计）划分检验批。每检验批应以各子分部工程的各类面层所划分的分项工程按自然间（或标准间）检验，抽查数量应随机检验不应少于3间；不足3间时应全数检查</td><td>观察、用2 m靠尺和楔形塞尺检查</td></tr>
<tr><td>3</td><td colspan="2">实木复合地板面层质量</td><td colspan="4">面层图案和颜色应符合设计要求，图案应清晰，颜色应一致，板面应无翘曲</td><td>观察、用2 m靠尺和楔形塞尺检查</td></tr>
<tr><td>4</td><td colspan="2">面层接头</td><td colspan="4">缝隙应严密、接头位置应错开、表面应平整、洁净</td><td>观察检查</td></tr>
<tr><td>5</td><td colspan="2">施工工艺</td><td colspan="4">接缝应对齐，粘、钉应严密；缝隙宽度应均匀一致；表面应洁净，无溢胶现象</td><td>观察检查</td></tr>
<tr><td>6</td><td colspan="2">踢脚线</td><td colspan="4">踢脚线应表面光滑，接缝严密，高度一致</td><td>观察和用钢尺检查</td></tr>
<tr><td rowspan="8">7</td><td rowspan="8">地板面层允许偏差(mm)</td><td rowspan="2">项目</td><td colspan="4">实木地板、实木集成地板、竹地板面层</td><td rowspan="2"></td></tr>
<tr><td>松木地板</td><td>硬木地板、竹地板</td><td>拼花地板</td><td>实木复合地板</td></tr>
<tr><td>板面缝隙宽度</td><td>1.0</td><td>0.5</td><td>0.2</td><td>0.5</td><td>用钢尺检查</td></tr>
<tr><td>表面平整度</td><td>3.0</td><td>2.0</td><td>2.0</td><td>2.0</td><td>用2 m靠尺和楔形塞尺检查</td></tr>
<tr><td>踢脚线上口平齐</td><td>3.0</td><td>3.0</td><td>3.0</td><td>3.0</td><td rowspan="2">用5 m线盒用钢尺检查</td></tr>
<tr><td>板面拼缝平直</td><td>3.0</td><td>3.0</td><td>3.0</td><td>3.0</td></tr>
<tr><td>相邻板材高差</td><td>0.5</td><td>0.5</td><td>0.5</td><td>0.5</td><td>用钢尺和楔形塞尺检查</td></tr>
<tr><td>踢脚线与面层接缝</td><td colspan="4">1.0</td><td>楔形塞尺检查</td></tr>
</table>

7.3.4 地毯工程检查内容、质量要求、检查数量、方法应符合表 7.3.4 的规定。

表 7.3.4　地毯工程检查内容、质量要求、检查数量、方法

类别	序号	检查内容	质量要求	检查数量	检查方法
主控项目	1	品种、规格、颜色和性能	所用材料应符合设计要求和国家现行有关标准的规定	同一生产厂家、同一品种、同一规格、同一批次检查一次	观察检查和检查型式检验报告、出厂检验报告、出厂合格证
	2	有机化合物（VOC）和甲醛含量	地毯面层采用的材料进入施工现场时，应有地毯、衬垫、胶粘剂中的挥发性有机化合物（VOC）和甲醛限量合格的检测报告		检查检测报告
	3	地毯铺设质量	地毯表面应平服、拼缝处粘贴牢固、严密平整、图案吻合	低层、多层及高层建筑的非标准层按每一层次划分检验批，高层建筑的标准层可按每三层（不足三层按三层计）划分检验批。每检验批应以各子分部工程的各类面层所划分的分项工程按自然间（或标准间）检验，抽查数量应随机检验不应少于3间；不足3间时应全数检查	观察检查
一般项目	1	地毯表面质量	地毯表面不应起鼓、起皱、翘边、卷边、显拼缝、露线和毛边，绒面毛顺光一致，毯面干净，无污染和损伤		观察检查
	2	地毯细部连接	地毯同其他面层连接处、收口处和墙边应顺直、压紧		观察检查

8 内门窗工程

8.1 一般规定

8.1.1 本章适用于室内木门窗、塑料门窗、金属门窗、特种门及门窗玻璃安装的施工与质量控制。

8.1.2 门窗安装前应检查以下内容：

1 门窗的品种、规格、颜色、开启方向、组合形式、配件等应符合设计要求。

2 门窗洞口应符合设计要求。

8.1.3 金属门窗和塑料门窗安装应采用预留洞口的方法施工，不得采用边安装边砌口或先安装后砌口的方法施工。

8.1.4 在砌体上安装门窗严禁用射钉固定。

8.1.5 推拉门窗扇必须安装防止扇脱落装置。

8.2 施工要点

8.2.1 木门窗安装应符合下列要求：

1 木门窗与砖石砌体、混凝土或抹灰层接触处应进行防腐处理并应设置防潮层；埋入砌体或混凝土中的木砖应进行防腐处理。

2 安装门窗框时，每边固定点不得少于两处。

3 合页距门窗扇上下端宜取立梃高度的1/10，并应避开上、下冒头。

4 厨房、卫生间门如使用套装木门，应对门套基体进行防潮处理。

5 套装木门宜分两次安装，先安装门框并做好半成品保护，待墙面装修完成后再安装贴脸和门扇。

8.2.2 塑料门窗的安装应符合下列要求：

1 安装门窗五金配件时，应钻孔后用自攻螺钉拧入，不得直接锤击钉入。

2 门窗框、副框和扇的安装必须牢固。固定片或膨胀螺栓的数量与位置应正确，连接方式应符合设计要求，固定点应距窗角、中横框、中竖框100 mm ~ 150 mm，固定点间距应不大于600 mm。

3 安装组合窗时应将两窗框与拼樘料卡接，卡接后应用紧固件双向拧紧，其间距应不大于600 mm，紧固件端头及拼樘料与窗框间的缝隙应用嵌缝膏进行密封处理。拼樘料型钢两端必须与洞口固定牢固。

4 塑料门窗框与墙体间缝隙不得用水泥砂浆填塞，应采用闭孔弹性材料填嵌饱满、密实。表面应采用密封胶密封。密封胶应粘结牢固，表面应光滑、顺直、无裂纹。

8.2.3 金属门窗的安装应符合下列要求：

1 门窗框装入洞口应横平竖直，严禁将门窗框直接埋入墙体。

2 密封条安装时应留有比门窗的装配边长20 mm ~ 30 mm的余量，转角处应斜面断开成45°，并用胶粘剂粘贴牢固。密封条或毛毡条应安装牢固，不得脱槽。

3 门窗框与墙体间缝隙不得用水泥砂浆填塞，应采用闭孔弹性材料填嵌饱满、密实，表面应用密封胶密封。密封胶应粘结牢固，表面应光滑、顺直、无裂纹。

8.2.4 特种门的安装除应符合设计要求和本标准规定外，还应符合相关专业标准和主管部门的规定。

8.2.5 门窗玻璃的安装应符合下列要求：

1 门窗安全玻璃的使用应符合行业标准《建筑玻璃应用技术规程》JGJ 113的规定。

2　玻璃安装时，应先将槽内的杂物、污垢清除干净。

3　使用密封胶时，接缝处的表面应清洁、干燥。

8.3　质量要求

8.3.1　主要材料应进行入场复检，复检项目应符合本标准附录B及国家相关标准的规定。

8.3.2　木门窗工程的检查内容、质量要求、检查数量、方法应符合表 8.3.2 的规定。

表 8.3.2　木门窗工程的检查内容、质量要求、检查数量、方法

类别	序号	检查内容	质量要求	检查数量	检查方法
主控项目	1	木门窗的品种、类型、规格、尺寸、开启方向、安装位置、连接方式及性能	应符合设计要求及国家现行标准的有关规定	同一品种、类型和规格的木门窗每套住宅为一个检验批；每个检验批应至少抽查3樘，不足3樘时应全数检查	观察、尺量检查；检查产品合格证书、性能检验报告、进场验收记录和复验报告，检查隐蔽工程验收记录
	2	木门窗用材质量	木门窗应采用烘干的木材，含水率及饰面质量应符合国家现行标准的有关规定		检查材料进场验收记录，复验报告及型式检验报告
	3	木门窗的防火、防腐、防虫处理	应符合设计要求		观察，检查材料进场验收记录
	4	木门窗框安装	木门窗框的安装应牢固。预埋木砖的防腐处理、木门窗框固定点的数量、位置和固定方法应符合设计要求		观察、手扳检查，检查隐蔽工程验收记录和施工记录
	5	木门窗扇安装	木门窗扇应安装牢固、开关灵活、关闭严密、无倒翘		观察、开启和关闭检查、手扳检查

续表 8.3.2

<table>
<tr><th>类别</th><th>序号</th><th colspan="2">检查内容</th><th colspan="2">质量要求</th><th>检查数量</th><th>检查方法</th></tr>
<tr><td>主控项目</td><td>6</td><td colspan="2">木门窗配件安装</td><td colspan="2">木门窗配件的型号、规格和数量应符合设计要求，安装应牢固，位置应正确，功能应满足使用要求</td><td rowspan="13">同一品种、类型和规格的木门窗每套住宅为一个检验批；每个检验批应至少抽查3樘，不足3樘时应全数检查</td><td>观察、开启和关闭检查、手板检查</td></tr>
<tr><td rowspan="12">一般项目</td><td>1</td><td colspan="2">木门窗表面质量</td><td colspan="2">木门窗表面应洁净，不得有刨痕和锤印</td><td>观察</td></tr>
<tr><td>2</td><td colspan="2">木门窗的割角和拼缝与门窗框、扇裁口</td><td colspan="2">木门窗的割角和拼缝应严密平整。门窗框、扇裁口应顺直，刨面应平整</td><td>观察</td></tr>
<tr><td>3</td><td colspan="2">木门窗上的槽和孔</td><td colspan="2">应边缘整齐，无毛刺</td><td>观察</td></tr>
<tr><td>4</td><td colspan="2">木门窗与墙体间缝隙的填嵌材料</td><td colspan="2">应符合设计要求，填嵌应饱满</td><td>轻敲门窗框检查，检查隐蔽工程验收记录和施工记录</td></tr>
<tr><td>5</td><td colspan="2">木门窗批水、盖口条、压缝条和密封条安装</td><td colspan="2">应顺直，与门窗结合应牢固、严密</td><td>观察、手扳检查</td></tr>
<tr><td rowspan="7">6</td><td rowspan="7">安装留缝限值及允许偏差</td><td>项目</td><td>留缝限值（mm）</td><td>允许偏差（mm）</td><td>—</td></tr>
<tr><td>门窗框的正、侧面垂直度</td><td>—</td><td>2</td><td>用 1m 垂直检测尺检查</td></tr>
<tr><td>框与扇接缝高低差</td><td>—</td><td>1</td><td>用塞尺检查</td></tr>
<tr><td>扇与扇接缝高低差</td><td>—</td><td>1</td><td>用塞尺检查</td></tr>
<tr><td>门窗扇对口缝</td><td>1 ~ 3.5</td><td>—</td><td>用塞尺检查</td></tr>
<tr><td>门窗扇与上框间留缝</td><td>1 ~ 2.5</td><td>—</td><td>用塞尺检查</td></tr>
<tr><td>门窗扇与合页侧框间留缝</td><td>1 ~ 2.5</td><td>—</td><td>用塞尺检查</td></tr>
</table>

续表 8.3.2

类别	序号	检查内容			质量要求		检查数量	检查方法
一般项目	6	安装留缝限值及允许偏差	门扇与下框间留缝		3~5	—	同一品种、类型和规格的木门窗每套住宅为一个检验批；每个检验批应至少抽查3樘，不足3樘时应全数检查	用塞尺检查
			窗扇与下框间留缝		1.5~3	—		用塞尺检查
			双层门窗内外框间距		—	4		用钢直尺检查
			无下框时门扇与地面间留缝		4~8	—		用钢直尺或塞尺检查
			框与扇搭接宽度	门	—	2		用钢直尺检查
				窗	—	1		用钢直尺检查

8.3.3 塑料门窗工程的检查内容、质量要求、检查数量、方法应符合表 8.3.3 的规定。

表 8.3.3 塑料门窗工程的检查内容、质量要求、检查数量、方法

类别	序号	检查内容	质量要求	检查数量	检查方法
主控项目	1	门窗质量	塑料门窗的品种、类型、规格、尺寸、性能、开启方向、安装位置、连接方式和填嵌密封处理应符合设计要求及国家现行标准的有关规定，内衬增强型钢的壁厚及设置应符合国家现行产品标准的要求	同一品种、类型和规格的塑料门窗每套住宅为一个检验批；每个检验批应至少抽查3樘，不足3樘时应全数检查	观察、尺量检查，检查产品合格证书、性能检验报告、进场验收记录和复验报告；检查隐蔽工程验收记录

续表 8.3.3

类别	序号	检查内容	质量要求	检查数量	检查方法
主控项目	2	框和扇安装	塑料门窗框、附框和扇的安装应牢固。固定片或膨胀螺栓的数量与位置应正确，连接方式应符合设计要求。固定点应距窗角、中横框、中竖框150 mm ~ 200 mm，固定点间距应不大于600 mm	同一品种、类型和规格的塑料门窗每套住宅为一个检验批；每个检验批应至少抽查 3 樘，不足 3 樘时应全数检查	观察、手扳检查、查，检查隐蔽工程验收记录
	3	拼樘料与框连接	塑料组合门窗使用的拼樘料截面尺寸及内衬增强型钢的形状和壁厚应符合设计要求。承受风荷载的拼樘料应采用与其内腔紧密吻合的增强型钢作为内衬，其两端必须与洞口固定牢固。窗框必须与拼樘料连接紧密，固定点间距应不大于 600 mm		观察、手扳检查、尺量检查、吸铁石检查，检查进场验收记录
	4	窗框与洞口的嵌填	窗框与洞口之间的缝内应采用聚氨酯发泡胶填充，发泡胶填充应均匀、密实。发泡胶成型后不宜切割。表面应采用密封胶密封。密封胶应粘结牢固，表面应光滑、顺直、无裂纹		观察，检查隐蔽工程验收记录
	5	滑撑铰链	滑撑铰链的安装应牢固，紧固螺钉应使用不锈钢材质。螺钉与框扇连接处应进行防水密封处理。		观察、手扳检查、吸铁石检查，检查隐蔽工程验收记录

续表 8.3.3

类别	序号	检查内容	质量要求	检查数量	检查方法
主控项目	6	防止扇脱落装置	推拉门窗扇应安装防止扇脱落的装置	同一品种、类型和规格的塑料门窗每套住宅为一个检验批；每个检验批应至少抽查3樘，不足3樘时应全数检查	观察
	7	门窗安装	门窗扇关闭应严密，开关应灵活		观察、尺量检查、开启和关闭检查
	8	配件质量及安装	塑料门窗配件的型号、规格和数量应符合设计要求，安装应牢固，位置应正确，使用应灵活，功能应满足各自使用要求。平开窗扇高度大于900 mm时，窗扇锁闭点不应少于2个		观察、手扳检查、尺量检查
一般项目	1	密封条安装	安装后的门窗关闭时，密封面上的密封条应处于压缩状态，密封层数应符合设计要求。密封条应连续完整，装配后应均匀、牢固，应无脱槽、收缩和虚压等现象；密封条接口应严密，且应位于窗的上方		观察
	2	门窗扇开关力	塑料门窗扇的开关力应符合下列规定：（1）平开门窗扇平铰链的开关力应不大于80 N；滑撑铰链的开关力应不大于80 N，并不应小于30 N。（2）推拉门窗扇的开关力应不大于100 N		观察、用测力计检查
	3	表面质量	门窗表面应洁净、平整、光滑，颜色应均匀一致。可视面应无划痕、碰伤等缺陷，门窗不得有焊角开裂和型材断裂等现象		观察
	4	旋转门窗间隙	旋转窗间隙应均匀		观察

续表 8.3.3

类别	序号	检查内容			质量要求	检查数量	检查方法
一般项目	5	排水孔			排水孔应畅通，位置和数量应符合设计要求	同一品种、类型和规格的塑料门窗每套住宅为一个检验批；每个检验批应至少抽查3樘，不足3樘时应全数检查	观察
	6	安装允许偏差	项目		允许偏差（mm）		—
			门、窗框外形（高、宽）尺寸长度差	≤1500 mm	2		用钢卷尺检查
				>1500 mm	3		
			门、窗框两对角线长度差	≤2000 mm	3		用钢卷尺检查
				>2000 mm	5		
			门、窗框(含拼樘料)正、侧面垂直度		3		用 1m 垂直检测尺检查
			门、窗框（含拼樘料）水平度		3		用 1m 水平尺和塞尺检查
			门、窗下横框的标高		5		用钢卷尺检查，与基准线比较
			门、窗竖向偏离中心		5		用钢卷尺检查
			双层门、窗内外框间距		4		用钢卷尺检查
			平开门窗及上悬、下悬、中悬窗	门、窗扇与框搭接宽度	2		用深度尺或钢直尺检查
				同樘门、窗相邻扇的水平高度差	2		用靠尺和钢直尺检查
				门、窗框扇四周的配合间隙	1		用楔形塞尺检查

续表 8.3.3

类别	序号	检查内容			质量要求	检查数量	检查方法
一般项目	7		推拉门窗	门、窗扇与框搭接宽度	2	同一品种、类型和规格的塑料门窗每套住宅为一个检验批；每个检验批应至少抽查3樘，不足3樘时应全数检查	用深度尺或钢直尺检查
				门、窗扇与框或相邻扇立边平行度	2		用钢直尺检查
			组合门窗	平整度	3		用2 m靠尺和钢直尺检查
				缝直线度	3		用2 m靠尺和钢直尺检查

8.3.4 金属门窗工程应符合以下要求：

1 钢门窗工程的检查内容、质量要求、检查数量、方法应符合表 8.3.4-1 的规定。

表 8.3.4-1 钢门窗工程的检查内容、质量要求、检查数量、方法

类别	序号	检查内容	质量要求	检查数量	检查方法
主控项目	1	门窗质量	品种、类型、规格、尺寸、性能、开启方向、安装位置、连接方式及门窗的型材壁厚应符合设计要求及国家现行标准的有关规定。金属门窗的防雷、防腐处理及填嵌、密封处理应符合设计要求		观察\尺量检查；检查产品合格证书、性能检验报告、进场验收记录和复验报告，检查隐蔽工程验收记录

续表 8.3.4-1

类别	序号	检查内容	质量要求	检查数量	检查方法
主控项目	2	框和附框安装	金属门窗框和附框的安装必须牢固。预埋件及锚固件的数量、位置、埋设方式、与框的连接方式必须符合设计要求		手扳检查，检查隐蔽工程验收记录
	3	门窗扇安装	金属门窗扇应安装牢固、开关灵活、关闭严密、无倒翘。推拉门窗扇应安装防止扇脱落的装置		观察、开启和关闭检查、手扳检查
	4	配件安装	金属门窗配件的型号、规格、数量应符合设计要求，安装应牢固，位置应正确		观察、开启和关闭检查、手扳检查
一般项目	1	表面质量	金属门窗表面应洁净、平整、光滑、色泽一致，应无锈蚀、擦伤、划痕和碰伤。漆膜或保护层应连续。型材的表面处理应符合设计要求及国家现行标准的有关规定		观察
	2	推拉门窗扇开关力	不大于 50 N		用测力计检查
	3	框与墙体间缝隙	金属门窗框与墙体之间的缝隙应填嵌饱满，并应采用密封胶密封。密封胶表面应光滑、顺直、无裂纹		观察、轻敲门窗框检查，检查隐蔽工程验收记录
	4	扇密封胶条或毛毡密封条	金属门窗扇的密封胶条或密封毛条装配应平整、完好，不得脱槽，交角处应平顺		观察、开启和关闭检查

续表 8.3.4-1

<table>
<tr><th>类别</th><th>序号</th><th>检查内容</th><th colspan="4">质量要求</th><th>检查数量</th><th>检查方法</th></tr>
<tr><td rowspan="11">一般项目</td><td>5</td><td>排水孔</td><td colspan="4">排水孔应畅通，位置和数量应符合设计要求</td><td rowspan="11">同一品种、类型和规格的钢门窗每套住宅为一个检验批；</td><td>观察</td></tr>
<tr><td rowspan="10">6</td><td rowspan="10">安装允许偏差</td><td colspan="2">项目</td><td>留缝限值(mm)</td><td>允许偏差(mm)</td><td>—</td></tr>
<tr><td rowspan="2">门窗槽口宽度、高度</td><td>≤1500 mm</td><td>—</td><td>2</td><td rowspan="2">用钢卷尺检查</td></tr>
<tr><td>>1500 mm</td><td>—</td><td>3</td></tr>
<tr><td rowspan="2">门窗槽口对角线长度差</td><td>≤2000 mm</td><td>—</td><td>3</td><td rowspan="2">用钢卷尺检查</td></tr>
<tr><td>>2000 mm</td><td>—</td><td>4</td></tr>
<tr><td colspan="2">门窗框的正、侧面垂直度</td><td>—</td><td>3</td><td>用 1 m 垂直检测尺检查</td></tr>
<tr><td colspan="2">门窗横框的水平度</td><td>—</td><td>3</td><td>用 1 m 水平尺和塞尺检查</td></tr>
<tr><td colspan="2">门窗横框标高</td><td>—</td><td>5</td><td>用钢卷尺检查</td></tr>
<tr><td colspan="2">门窗竖向偏离中心</td><td>—</td><td>4</td><td>用钢卷尺检查</td></tr>
<tr><td colspan="2">双层门窗内外框间距</td><td>—</td><td>—</td><td>用钢卷尺检查</td></tr>
</table>

续表 8.3.4-1

<table>
<tr><th>类别</th><th>序号</th><th colspan="2">检查内容</th><th colspan="3">质量要求</th><th>检查数量</th><th>检查方法</th></tr>
<tr><td rowspan="5">一般项目</td><td rowspan="5">6</td><td rowspan="5">安装允许偏差</td><td colspan="2">门窗框、扇配合间隙</td><td>≤2</td><td>—</td><td rowspan="5">每个检验批应至少抽查 3 樘，不足 3 樘时应全数检查</td><td>用塞尺检查</td></tr>
<tr><td rowspan="2">推拉门窗扇与框搭接宽度</td><td>门</td><td>≥6</td><td>—</td><td rowspan="2">用钢直尺检查</td></tr>
<tr><td>窗</td><td>≥4</td><td>—</td></tr>
<tr><td colspan="2">推拉门窗框扇搭接宽度</td><td>≥6</td><td>推拉门窗框扇搭接宽度</td><td>用钢直尺检查</td></tr>
<tr><td colspan="2">无下框时门扇与地面间留缝</td><td>4～8</td><td>无下框时门扇与地面间留缝</td><td>用塞尺检查</td></tr>
</table>

2 铝合金门窗工程的检查内容、质量要求、检查数量、方法应符合表 8.3.4-2 的规定。

表 8.3.4-2 铝合金门窗工程的检查内容、质量要求、检查数量、方法

<table>
<tr><th>类别</th><th>序号</th><th>检查内容</th><th>质量要求</th><th>检查数量</th><th>检查方法</th></tr>
<tr><td rowspan="4">主控项目</td><td>1</td><td>门窗质量</td><td>品种、类型、规格、尺寸、性能、开启方向、安装位置、连接方式及门窗的型材壁厚应符合设计要求及国家现行标准的有关规定。金属门窗的防雷、防腐处理及填嵌、密封处理应符合设计要求</td><td rowspan="4">同一品种、类型和规格的铝合金门窗每套住宅为一个检验批；每个检验批应至少抽查 3 樘，不足 3 樘时应全数检查</td><td>观察、尺量检查；检查产品合格证书、性能检验报告、进场验收记录和复验报告，检查隐蔽工程验收记录</td></tr>
<tr><td>2</td><td>框和附框安装</td><td>金属门窗框和附框的安装必须牢固。预埋件及锚固件的数量、位置、埋设方式、与框的连接方式必须符合设计要求</td><td>手扳检查，检查隐蔽工程验收记录</td></tr>
<tr><td>3</td><td>门窗扇安装</td><td>金属门窗扇应安装牢固、开关灵活、关闭严密、无倒翘。推拉门窗扇应安装防止扇脱落的装置</td><td>观察、开启和关闭检查、手扳检查</td></tr>
<tr><td>4</td><td>配件安装</td><td>金属门窗配件的型号、规格、数量应符合设计要求，安装应牢固，位置应正确</td><td>观察、开启和关闭检查、手扳检查</td></tr>
</table>

续表 8.3.4-2

<table>
<tr><th>类别</th><th>序号</th><th>检查内容</th><th colspan="3">质量要求</th><th>检查数量</th><th>检查方法</th></tr>
<tr><td rowspan="17">一般项目</td><td>1</td><td>表面质量</td><td colspan="3">金属门窗表面应洁净、平整、光滑、色泽一致，应无锈蚀、擦伤、划痕和碰伤。漆膜或保护层应连续。型材的表面处理应符合设计要求及国家现行标准的有关规定</td><td rowspan="17">同一品种、类型和规格的金属门窗每住宅为一个检验批；每个检验批应至少抽查3樘，不足3樘时应全数检查</td><td>观察</td></tr>
<tr><td>2</td><td>推拉门窗扇开关力</td><td colspan="3">不大于 50 N</td><td>用测力计检查</td></tr>
<tr><td>3</td><td>框与墙体间缝隙</td><td colspan="3">金属门窗框与墙体之间的缝隙应填嵌饱满，并应采用密封胶密封。密封胶表面应光滑、顺直、无裂纹</td><td>观察、轻敲门窗框检查，检查隐蔽工程验收记录</td></tr>
<tr><td>4</td><td>扇密封胶条或毛毡密封条</td><td colspan="3">金属门窗扇的密封胶条或密封毛条装配应平整、完好，不得脱槽，交角处应平顺</td><td>观察、开启和关闭检查</td></tr>
<tr><td>5</td><td>排水孔</td><td colspan="3">排水孔应畅通，位置和数量应符合设计要求</td><td>观察</td></tr>
<tr><td rowspan="12">6</td><td rowspan="12">安装允许偏差</td><td colspan="2">项目</td><td>允许偏差（mm）</td><td>—</td></tr>
<tr><td rowspan="2">门窗槽口宽度、高度</td><td>≤2000 mm</td><td>2</td><td rowspan="2">用钢卷尺检查</td></tr>
<tr><td>>2000 mm</td><td>3</td></tr>
<tr><td rowspan="2">门窗槽口对角线长度差</td><td>≤2500 mm</td><td>4</td><td rowspan="2">用钢卷尺检查</td></tr>
<tr><td>>2500 mm</td><td>5</td></tr>
<tr><td colspan="2">门窗框的正、侧面垂直度</td><td>2</td><td>用 1m 垂直检测尺检查</td></tr>
<tr><td colspan="2">门窗横框的水平度</td><td>2</td><td>用 1m 水平尺和塞尺检查</td></tr>
<tr><td colspan="2">门窗横框标高</td><td>5</td><td>用钢卷尺检查</td></tr>
<tr><td colspan="2">门窗竖向偏离中心</td><td>5</td><td>用钢卷尺检查</td></tr>
<tr><td colspan="2">双层门窗内外框间距</td><td>4</td><td>用钢卷尺检查</td></tr>
<tr><td rowspan="2">推拉门窗扇与框搭接宽度</td><td>门</td><td>2</td><td rowspan="2">用钢直尺检查</td></tr>
<tr><td>窗</td><td>1</td></tr>
</table>

3 涂色镀锌钢板门窗工程的检查内容、质量要求、检查数量、方法应符合表 8.3.4-3 的规定。

表 8.3.4–3 涂色镀锌钢板门窗工程的检查内容、质量要求、检查数量、方法

类别	序号	检查内容	质量要求	检查数量	检查方法
主控项目	1	门窗质量	品种、类型、规格、尺寸、性能、开启方向、安装位置、连接方式及门窗的型材壁厚应符合设计要求及国家现行标准的有关规定。金属门窗的防雷、防腐处理及填嵌、密封处理应符合设计要求	同一品种、类型和规格的涂色镀锌钢板门窗每套住宅为一个检验批；每个检验批应至少抽查 3 樘，不足 3 樘时应全数检查	观察、尺量检查；检查产品合格证书、性能检验报告、进场验收记录和复验报告，检查隐蔽工程验收记录
	2	框和附框安装	金属门窗框和附框的安装必须牢固。预埋件及锚固件的数量、位置、埋设方式、与框的连接方式必须符合设计要求		手扳检查，检查隐蔽工程验收记录
	3	门窗扇安装	金属门窗扇应安装牢固、开关灵活、关闭严密、无倒翘。推拉门窗扇应安装防止扇脱落的装置		观察、开启和关闭检查、手扳检查
	4	配件安装	金属门窗配件的型号、规格、数量应符合设计要求，安装应牢固，位置应正确		观察、开启和关闭检查、手扳检查
一般项目	1	表面质量	金属门窗表面应洁净、平整、光滑、色泽一致，应无锈蚀、擦伤、划痕和碰伤。漆膜或保护层应连续。型材的表面处理应符合设计要求及国家现行标准的有关规定		观察
	2	推拉门窗扇开关力	不大于 50 N		用测力计检查
	3	框与墙体间缝隙	金属门窗框与墙体之间的缝隙应填嵌饱满，并应采用密封胶密封。密封胶表面应光滑、顺直、无裂纹		观察、轻敲门窗框检查，检查隐蔽工程验收记录

续表 8.3.4–3

<table>
<tr><th>类别</th><th>序号</th><th colspan="2">检查内容</th><th colspan="2">质量要求</th><th>检查数量</th><th>检查方法</th></tr>
<tr><td rowspan="13">一般项目</td><td>4</td><td colspan="2">扇密封胶条或毛毡密封条</td><td colspan="2">金属门窗扇的密封胶条或密封毛条装配应平整、完好，不得脱槽，交角处应平顺</td><td rowspan="13"></td><td>观察、开启和关闭检查</td></tr>
<tr><td>5</td><td colspan="2">排水孔</td><td colspan="2">排水孔应畅通，位置和数量应符合设计要求</td><td>观察</td></tr>
<tr><td rowspan="11">6</td><td rowspan="11">安装允许偏差</td><td colspan="2">项目</td><td>允许偏差（mm）</td><td>—</td></tr>
<tr><td rowspan="2">门窗槽口宽度、高度</td><td>≤1500 mm</td><td>2</td><td rowspan="2">用钢卷尺检查</td></tr>
<tr><td>>1500 mm</td><td>3</td></tr>
<tr><td rowspan="2">门窗槽口对角线长度差</td><td>≤2000 mm</td><td>4</td><td rowspan="2">用钢卷尺检查</td></tr>
<tr><td>>2000 mm</td><td>5</td></tr>
<tr><td colspan="2">门窗框的正、侧面垂直度</td><td>3</td><td>用 1 m 垂直检测尺检查</td></tr>
<tr><td colspan="2">门窗横框的水平度</td><td>3</td><td>用 1 m 水平尺和塞尺检查</td></tr>
<tr><td colspan="2">门窗横框标高</td><td>5</td><td>用钢卷尺检查</td></tr>
<tr><td colspan="2">门窗竖向偏离中心</td><td>5</td><td>用钢卷尺检查</td></tr>
<tr><td colspan="2">双层门窗内外框间距</td><td>4</td><td>用钢卷尺检查</td></tr>
<tr><td colspan="2">推拉门窗扇与框搭接宽度</td><td>2</td><td>用钢直尺检查</td></tr>
</table>

8.3.5 特种门（防火门、防盗门、推拉自动门、全玻门等）工程的检查内容、质量要求、检查数量、方法应符合表 8.3.5 的规定。

表 8.3.5　特种门工程的检查内容、质量要求、检查数量、方法

类别	序号	检查内容	质量要求	检查数量	检查方法
主控项目	1	特种门的质量和性能	应符合设计要求	同一品种、类型和规格的特种门窗每50樘应划分为一个检验批，不足50樘也应划分为一个检验批；每个检验批应至少抽查10樘，不足10樘时应全数检查	检查生产许可证、产品合格证书和性能检验报告
	2	特种门的品种、类型、规格、尺寸、开启方向、安装位置和防腐处理	应符合设计要求及国家现行标准的有关规定		观察、尺量检查，检查进场验收记录和隐蔽工程验收记录
	3	机械装置、自动装置或智能化装置	带有机械装置、自动装置或智能化装置的特种门，其机械装置、自动装置或智能化装置的功能应符合设计要求和有关标准的规定		启动机械装置、自动装置或智能化装置，观察
	4	特种门安装	特种门的安装应牢固。预埋件及锚固件的数量、位置、埋设方式、与框的连接方式应符合设计要求		观察、手扳检查，检查隐蔽工程验收记录
	5	配件安装	特种门的配件应齐全，位置应正确，安装应牢固，功能应满足使用要求和特种门的性能要求		观察、手扳检查，检查产品合格证书、性能检测报告和进场验收记录

续表 8.3.5

<table>
<tr><th>类别</th><th>序号</th><th colspan="2">检查内容</th><th colspan="2">质量要求</th><th>检查数量</th><th>检查方法</th></tr>
<tr><td rowspan="16">一般项目</td><td>1</td><td colspan="2">表面装饰</td><td colspan="2">特种门的表面装饰应符合设计要求</td><td rowspan="16"></td><td>观察</td></tr>
<tr><td>2</td><td colspan="2">表面质量</td><td colspan="2">特种门的表面应洁净，应无划痕和碰伤</td><td>观察</td></tr>
<tr><td rowspan="14">3</td><td rowspan="14">安装允许偏差</td><td rowspan="2">项目</td><td colspan="2">允许偏差（mm）</td><td rowspan="2">—</td></tr>
<tr><td>推拉自动门</td><td>平开自动门</td></tr>
<tr><td>上框、平梁水平度</td><td>1</td><td>1</td><td>用 1m 水平尺和塞尺检查</td></tr>
<tr><td>上框、平梁直线度</td><td>2</td><td>2</td><td>用钢直尺和塞尺检查</td></tr>
<tr><td>立框垂直度</td><td>1</td><td>1</td><td>用 1m 垂直检测尺检查</td></tr>
<tr><td>导轨和平梁平行度</td><td>2</td><td>—</td><td>用钢直尺检查</td></tr>
<tr><td>门框固定扇内侧尺寸（对角线）</td><td>2</td><td>2</td><td>用钢卷尺检查</td></tr>
<tr><td>活动扇与框、横梁、固定扇间隙差</td><td>1</td><td>1</td><td>用钢直尺检查</td></tr>
<tr><td>板材对接接缝平整度</td><td>0.3</td><td>0.3</td><td>用 2 m 靠尺和塞尺检查</td></tr>
<tr><td rowspan="2">—</td><td colspan="2">感应时间限值（s）</td><td rowspan="2">—</td></tr>
<tr><td colspan="2">推拉自动门</td></tr>
<tr><td>开门响应时间</td><td colspan="2">≤0.5</td><td>用秒表检查</td></tr>
<tr><td>堵门保护延时</td><td colspan="2">16～20</td><td>用秒表检查</td></tr>
<tr><td>门扇全开启后保持时间</td><td colspan="2">13～17</td><td>用秒表检查</td></tr>
</table>

8.3.6 门窗玻璃的检查内容、质量要求、检查数量、方法应符合表 8.3.6 的规定。

表 8.3.6 门窗玻璃的检查内容、质量要求、检查数量、方法

类别	序号	检查内容	质量要求	检查数量	检查方法
主控项目	1	玻璃质量	玻璃的层数、品种、规格、尺寸、色彩、图案和涂膜朝向应符合设计要求	同一品种、类型和规格的门窗玻璃每套住宅为一个检验批；每个检验批应至少抽查 3 樘，不足 3 樘时应全数检查	观察，检查产品合格证书、性能检验报告和进场验收记录
	2	玻璃裁割与安装质量	门窗玻璃裁割尺寸应正确。安装后的玻璃应牢固，不得有裂纹、损伤和松动		观察、轻敲检查
	3	玻璃安装	玻璃的安装方法应符合设计要求。固定玻璃的钉子或钢丝卡的数量、规格应保证玻璃安装牢固		观察，检查施工记录
	4	木压条	镶钉木压条接触玻璃处应与裁口边缘平齐。木压条应互相紧密连接，并应与裁口边缘紧贴，割角应整齐		观察
	5	密封条	密封条与玻璃、玻璃槽口的接触应紧密、平整。密封胶与玻璃、玻璃槽口的边缘应粘结牢固、接缝平齐		观察
	6	带密封条的玻璃压条	密封条应与玻璃贴紧，压条与型材之间应无明显缝隙		观察、尺量检查

续表 8.3.6

类别	序号	检查内容	质量要求	检查数量	检查方法
一般项目	1	玻璃表面	玻璃表面应洁净，不得有腻子、密封胶和涂料等污渍。中空玻璃内外表面均应洁净，玻璃中空层内不得有灰尘和水蒸气。门窗玻璃不应直接接触型材	同一品种、类型和规格的门窗玻璃每套住宅为一个检验批；每个检验批应至少抽查3樘，不足3樘时应全数检查	观察
	2	腻子及密封胶填抹	应饱满、粘结牢固；腻子及密封胶边缘与裁口应平齐。固定玻璃的卡子不应在腻子表面显露		观察
	3	密封条	密封条不得卷边、脱槽，密封条断口接缝应粘结		观察

9 细部工程

9.1 一般规定

9.1.1 本章适用于门窗套、位置固定的橱柜、护栏和扶手、花饰、窗帘盒和窗台板制作与安装的施工与质量控制。

9.1.2 细部制品选用的造型、品种、规格和安装的位置应符合设计要求。

9.1.3 细部工程应对下列部位进行隐蔽工程验收，验收合格后进行：

1 预埋件（或后置埋件）。

2 护栏与预埋件的连接节点。

9.1.4 潮湿部位的橱柜应做防潮处理。

9.1.5 湿度较大的房间不得使用未经防水处理的石膏花饰、纸质花饰。

9.2 施工要点

9.2.1 门窗套的制作与安装应符合下列要求：

1 门窗套的安装应方正垂直，与基体连接应符合设计要求。

2 石门窗套应用干挂方式与墙体固定。

3 木门窗套基层板与墙体之间应连接牢固，缝隙宜用弹性材料嵌填。

4 木门窗套饰面板颜色、花纹应协调，长度方向需要对接时，花纹应通顺，其接头位置应避开视线平视范围，宜在室内地面2 m以上或1.2 m以下，接头应留在横撑上。

5 贴脸、线条的品种、颜色、花纹应与门窗套饰面板谐调。贴脸接头应成45°角，贴脸与门窗套板面结合应紧密、平整，贴脸或线条盖住抹灰墙面不应小于10 mm。

9. 2. 2 壁柜、吊柜、地柜等位置固定的橱柜制作与安装应符合下列要求：

1 根据设计要求、地面和天棚标高，确定橱柜的平面位置和标高。

2 橱柜应在工厂加工成半成品按要求包装后，运到现场组装。

3 橱柜应有产品合格证书，其安装应符合相应产品技术要求，并与水电安装和装饰界面相协调。

9. 2. 3 护栏和扶手的制作与安装应符合下列要求：

1 木扶手与弯头的接头要在下部连接牢固，木扶手的宽度或厚度超过70 mm时，其接头应粘结加强。

2 扶手与垂直杆件连接牢固，紧固件不得外露。

3 木扶手弯头加工成形应刨光，弯曲应自然，表面应磨光。

4 金属扶手、护栏垂直杆件与预埋件连接应牢固、垂直，如焊接，则表面应打磨抛光。

5 护栏的高度、栏杆间距和安装位置应符合设计要求。

9. 2. 4 花饰的制作与安装应符合下列要求：

1 装饰线安装的基层必须平整、坚实，装饰线不得随基层起伏。

2 木（竹）质装饰线、件的接口应拼对花纹，拐弯接口应齐整无缝，同一种房间的颜色应一致，封口压边条与装饰线、件应连接紧密牢固。

3 石膏装饰线、件安装的基层应平整、干燥，接缝应45°角拼接。当使用螺钉固定花件时，应用电钻打孔，螺钉钉头应沉入孔内，螺钉应做防锈处理；当使用胶粘剂固定花件时，应选用短时间固化的胶粘材料。

4 金属类装饰线铆接、焊接或紧固件连接时，紧固件位置应整齐，焊接点应在隐蔽处、焊接表面应无毛刺。刷漆前应去除氧化层。

9.2.5 窗帘盒和窗台板的制作与安装应符合下列要求：

1 窗帘盒中线应对准窗口中线，并使两端伸出窗口长度相同。窗帘盒下沿与窗口上沿应平齐或略低。

2 窗帘轨道安装应平直、牢固。窗帘轨道固定点必须在结构上或木底板的龙骨上，连接必须用膨胀螺钉或木螺钉，严禁用圆钉固定。采用电动窗帘轨时，应按产品说明书进行安装调试。

9.3 质量要求

9.3.1 主要材料、部品应进行入场复检，复检项目应符合本标准附录B及国家相关标准的规定。

9.3.2 门窗套的检查内容、质量要求、检查数量、方法应符合表 9.3.2 的规定。

表 9.3.2　门窗套的检查内容、质量要求、检查数量、方法

类别	序号	检查内容		质量要求	检查数量	检查方法
主控项目	1	门窗套制作与安装所使用材料的材质、规格、花纹、颜色、性能、有害物质限量及木材的燃烧性能等级和含水率		应符合设计要求及国家现行标准的有关规定	同一生产厂家、同一品种、同一规格、同一批次检查一次	观察，检查产品合格证书、进场验收记录、性能检验报告和复验报告
	2	造型、尺寸及固定方法		应符合设计要求,安装应牢固		观察、尺量检查、手板检查
一般项目	1	表面质量		门窗套表面应平整、洁净、线条顺直、接缝严密、色泽一致，不得有裂缝、翘曲及损坏	相同材料、工艺的门窗套每套住宅为一个检验批；每个检验批应至少抽查 3 间（处),不足 3 间（处）时应全数检查（大面积房间按面积 $30m^2$ 为一间）	观察
	2	安装允许偏差（mm）	正、侧面垂直度	3		使用 1 m 垂直检测尺检查
			门窗套上口水平度	1		使用 1 m 水平检测尺和塞尺检查
			门窗套上口直线度	3		拉 5 m 线，不足 5 m 拉通线，用钢直尺检查

9. 3. 3　橱柜工程的检查内容、质量要求、检查数量、方法应符合表 9.3.3 的规定。

表 9.3.3 橱柜工程的检查内容、质量要求、检查数量、方法

<table>
<tr><th>类别</th><th>序号</th><th colspan="2">检查内容</th><th>质量要求</th><th>检查数量</th><th>检查方法</th></tr>
<tr><td rowspan="5">主控项目</td><td>1</td><td colspan="2">材料质量</td><td>橱柜制作与安装所用材料的材质、规格、性能、有害物质限量及木材的燃烧性能等级和含水率应符合设计要求及国家现行标准的有关规定</td><td>同一生产厂家、同一品种、同一规格、同一批次检查一次</td><td>观察，检查产品合格证书、进场验收记录、性能检验报告和复验报告</td></tr>
<tr><td>2</td><td colspan="2">预埋件或后置埋件</td><td>橱柜安装预埋件或后置埋件的数量、规格、位置应符合设计要求</td><td rowspan="10">相同材料、工艺的橱柜每套住宅为一个检验批；每个检验批应至少抽查 3 间（处），不足 3 间（处）时应全数检查（大面积房间按面积 $30\ m^2$ 为一间）</td><td>检查隐蔽工程验收记录和施工记录</td></tr>
<tr><td>3</td><td colspan="2">制作、安装、固定方法</td><td>橱柜的造型、尺寸、安装位置、制作和固定方法应符合设计要求。橱柜安装应牢固</td><td>观察、尺量检查、手扳检查</td></tr>
<tr><td>4</td><td colspan="2">橱柜配件</td><td>橱柜配件的品种、规格应符合设计要求。配件应齐全，安装应牢固</td><td>观察、手扳检查，检查进场验收记录</td></tr>
<tr><td>5</td><td colspan="2">抽屉和柜门</td><td>橱柜的抽屉和柜门应开关灵活、回位正确</td><td>观察、开启和关闭检查</td></tr>
<tr><td rowspan="6">一般项目</td><td>1</td><td colspan="2">橱柜表面质量</td><td>橱柜表面应平整、洁净、色泽一致，不得有裂缝、翘曲及损坏</td><td>观察</td></tr>
<tr><td>2</td><td colspan="2">橱柜裁口</td><td>橱橱柜裁口应顺直、拼缝应严密</td><td>观察</td></tr>
<tr><td rowspan="4">3</td><td rowspan="4">橱柜安装允许偏差</td><td>项目</td><td>允许偏差（mm）</td><td>—</td></tr>
<tr><td>外形尺寸</td><td>3</td><td>用钢尺检查</td></tr>
<tr><td>立面垂直度</td><td>2</td><td>用 1 m 垂直检测尺检查</td></tr>
<tr><td>门与框架的平行度</td><td>2</td><td>用钢尺检查</td></tr>
</table>

9.3.4 护栏和扶手工程的检查内容、质量要求、检查数量、方法应符合表 9.3.4 的规定。

表 9.3.4 护栏和扶手工程的检查内容、质量要求、检查数量、方法

类别	序号	检查内容	质量要求	检查数量	检查方法
主控项目	1	材料质量	护栏和扶手制作与安装所使用材料的材质、规格、数量和木材、塑料的燃烧性能等级应符合设计要求与国家标准的规定	同一生产厂家、同一品种、同一规格、同一批次检查一次	观察，检查产品合格证书、进场验收记录和性能检验报告
	2	护栏和扶手的造型、尺寸及安装位置	应符合设计要求	相同材料、工艺的护栏和扶手每套住宅为一个检验批；每个检验批的护栏和扶手应全部检查	观察、尺量检查，检查进场验收记录
	3	预埋件	护栏和扶手安装预埋件的数量、规格、位置以及护栏与预埋件的连接节点应符合设计要求		检查隐蔽工程验收记录和施工记录
	4	护栏高度、栏杆间距、安装位置	应符合设计要求。护栏安装应牢固		观察、尺量检查、手扳检查
	5	护栏玻璃	承受水平荷载的栏板玻璃应使用钢化玻璃或钢化夹层玻璃。玻璃厚度应符合设计要求和《建筑玻璃应用技术规程》JGJ 113 的规定		观察、尺量检查，检查产品合格证书和进场验收记录

续表 9.3.4

<table>
<tr><th>类别</th><th>序号</th><th colspan="2">检查内容</th><th>质量要求</th><th>检查数量</th><th>检查方法</th></tr>
<tr><td rowspan="6">一般项目</td><td>1</td><td colspan="2">转角、接缝及表面质量</td><td>护栏和扶手转角弧度应符合设计要求，接缝应严密，表面应光滑，色泽应一致，不得有裂缝、翘曲及损坏</td><td rowspan="6">相同材料、工艺的护栏和扶手每套住宅为一个检验批；每个检验批的护栏和扶手应全部检查</td><td>观察、手摸检查</td></tr>
<tr><td rowspan="5">2</td><td rowspan="5">安装允许偏差（mm）</td><td>项目</td><td>允许偏差（mm）</td><td rowspan="2">用 1 m 垂直检测尺检查</td></tr>
<tr><td>护栏垂直度</td><td>3</td></tr>
<tr><td>栏杆间距</td><td>0，－6</td><td>用钢尺检查</td></tr>
<tr><td>扶手直线度</td><td>4</td><td>拉通线，用钢直尺检查</td></tr>
<tr><td>扶手高度</td><td>＋6，0</td><td>用钢尺检查</td></tr>
</table>

9.3.5 花饰工程的检查内容、质量要求、检查数量、方法应符合表 9.3.5 的规定。

表 9.3.5 花饰工程的检查内容、质量要求、检查数量、方法

类别	序号	检查内容	质量要求	检查数量	检查方法
主控项目	1	材料质量	花饰制作与安装所使用材料的材质、规格、性能、有害物质限量及木材的燃烧性能等级和含水率应符合设计要求及国家现行标准的有关规定	同一生产厂家、同一品种、同一规格、同一批次检查一次	观察；检查产品合格证书、进场验收记录、性能检测报告和复验报告

续表 9.3.5

<table>
<tr><th>类别</th><th>序号</th><th colspan="3">检查内容</th><th>质量要求</th><th>检查数量</th><th>检查方法</th></tr>
<tr><td rowspan="2">主控项目</td><td>2</td><td colspan="3">造型、尺寸</td><td>花饰的造型、尺寸应符合设计要求</td><td rowspan="7">相同材料、工艺的花饰每套住宅为一个检验批；每个检验批的花饰应全部检查</td><td>观察、尺量检查</td></tr>
<tr><td>3</td><td colspan="3">安装位置与固定方法</td><td>花饰的安装位置和固定方法应符合设计要求，安装应牢固</td><td>观察、尺量检查、手扳检查</td></tr>
<tr><td rowspan="5">一般项目</td><td>1</td><td colspan="3">表面质量</td><td>花饰表面应洁净，接缝应严密吻合，不得有歪斜、裂缝、翘曲及损坏</td><td>观察</td></tr>
<tr><td rowspan="4">2</td><td rowspan="4">安装允许偏差</td><td colspan="2">项目</td><td>允许偏差（mm）</td><td>—</td></tr>
<tr><td rowspan="2">条型花饰的水平度或垂直度</td><td>每米</td><td>1</td><td rowspan="2">拉线和用 1 m 垂直检测尺检查</td></tr>
<tr><td>全长</td><td>3</td></tr>
<tr><td colspan="2">单独花饰中心位置偏移</td><td>10</td><td>拉线和用钢直尺检查</td></tr>
</table>

9.3.6 窗帘盒、窗台板工程的检查内容、质量要求、检查数量、方法应符合表 9.3.6 的规定。

表 9.3.6　窗帘盒、窗台板工程的检查内容、质量要求、检查数量、方法

类别	序号	检查内容		质量要求	检查数量	检查方法
主控项目	1	材料质量		窗帘盒和窗台板制作与安装所使用材料的材质、规格、性能、有害物质限量及木材的燃烧性能等级和含水率应符合设计要求及国家现行标准的有关规定	同一生产厂家、同一品种、同一规格、同一批次检查一次	观察，检查产品合格证书、进场验收记录、性能检验报告和复验报告
	2	窗帘盒和窗台板的造型、规格、尺寸、安装位置和固定方法		应符合设计要求。窗帘盒和窗台板的安装应牢固	同类制品每 50 间（处）应划分为一个检验批，不足 50 间（处）也应划分为一个检验批；每个检验批应至少抽查 3 间（处），不足 3 间（处）时应全数检查	观察、尺量检查、手扳检查
	3	窗帘盒配件		窗帘盒配件的品种、规格应符合设计要求，安装应牢固		手扳检查，检查进场验收记录
一般项目	1	表面质量		窗帘盒和窗台板表面应平整、洁净、线条顺直、接缝严密、色泽一致，不得有裂缝、翘曲及损坏		观察
	2	与墙面、窗框衔接		窗帘盒和窗台板与墙、窗框的衔接应严密，密封胶缝应顺直、光滑		观察
	3	安装允许偏差（mm）	水平度	2		用 1m 水平尺和塞尺检查
			上口、下口直线度	3		拉 5m 线，不足 5m 拉通线，用钢直尺检查
			两端距窗洞口长度差	2		用钢直尺检查
			两端出墙厚度差	3		用钢直尺检查

10 防水工程

10.1 一般要求

10. 1. 1 本章适用于卫生间、厨房、阳（露）台、地下室、半地下室地面和墙裙、厨房卫生间门槛石结合层、厨房卫生间设备部品安装穿墙地节点的防水工程的施工与质量控制。也适用于有防水要求的外墙面内防水工程的施工和质量控制。

10. 1. 2 防水工程应在地面、墙面隐蔽工程施工完毕并经检查验收合格后进行。

10. 1. 3 防水工程完毕后应做蓄水试验或泼水试验，蓄水深度最浅处不应低于20 mm，时间不得少于48 h，应无渗漏。

10. 1. 4 防水材料应有产品的合格证书和性能检测报告，材料的品种、规格、性能应符合设计要求和国家现行有关标准的规定。

10. 1. 5 在水泥类找平层上铺设卷材类、涂料类防水隔离层时，其表面应坚固、平整、洁净，铺设前应涂刷同防水材料相容的基层处理剂。

10.2 施工要点

10. 2. 1 基层表面应平整，不得有松动、空鼓、起砂、开裂等缺陷，含水量应符合防水材料的施工要求，并按设计要求做好地面泛水。

10. 2. 2 地漏、套管、卫生洁具根部、阴阳角等部位，应先做防水附加层。

10.2.3 砂浆防水施工应符合以下要求：

1 防水砂浆的配合比应符合设计或产品的要求，防水层应与基层结合牢固，表面应平整，不得有空鼓、裂缝、麻面和起砂，阴阳角应做成圆弧形。

2 同一防水单元的防水砂浆宜一次施工成型，不留施工缝。

3 水泥砂浆终凝后应及时进行养护，养护温度不宜低于5°C，并应保持砂浆表面湿润，养护时间不得少于14 d；聚合物水泥防水砂浆未达到硬化状态时，不得浇水养护或直接受雨水冲刷，硬化后应采用干湿循环的养护方法。潮湿环境中，可在自然条件下养护。

10.2.4 卷材防水施工应符合以下要求：

1 应根据材料性能，分别采用热熔粘、冷粘或自粘铺贴工艺，铺贴时应平整顺直，不得用力拉伸，搭接尺寸准确，搭接部位满涂粘结剂或满热熔，排除空气，辊压粘牢。

2 立面卷材收头端部应裁齐，压入预留凹槽或用压条、垫片钉压固定，密封材料封口。

3 卷材防水所选用的基层处理剂、胶粘剂、密封材料等配套材料，均应与铺贴的卷材材性相容。

10.2.5 涂料防水施工应符合以下要求：

1 涂膜涂刷次数和涂膜总厚度应符合设计要求，涂刷应均匀一致，不得漏刷。

2 聚合物水泥基防水涂料现场施工配合比例、单位面积涂布量和涂层总厚度应符合设计或产品技术要求；应采用多次涂布工艺，严禁一次涂布完成。

3 涂膜防水和聚合物水泥基防水涂料增强胎布的接槎应顺流水方向搭接，搭接宽度应不小于100 mm。两层以上胎布的上、下搭接位应错开幅宽的1/2。

4 水泥基渗透结晶型防水涂料涂刷施工前应充分湿润基

层，但不得有明水。

5 水泥基渗透结晶型防水涂料现场配合比例和涂布量应符合设计或产品设计要求，涂层总厚度应不小于设计要求。湿润养护不少于72 h。

10.3 质量要求

10.3.1 主要材料应进行入场复检，复检项目应符合本标准附录B及国家相关标准的规定。

10.3.2 防水工程应符合下列要求：

1 砂浆防水工程的检查内容、质量要求、检查数量、方法应分部符合表10.3.2-1的规定。

表 10.3.2-1 砂浆防水工程的检查内容、质量要求、检查数量、方法

类别	序号	检查内容	质量要求	检查数量	检查方法
主控项目	1	砂浆防水层所用砂浆品种及性能	应符合设计要求及国家现行标准的有关规定	同一生产厂家、同一品种、同一规格、同一批次检查一次	检查产品合格证书、性能检验报告、进场验收记录和复验报告
	2	砂浆防水层在门窗洞口、穿外墙管道和预埋件等部位的做法	必须符合设计要求	相同材料、工艺的室内防水工程每套住宅为一个检验批；卫生间、厨房、阳（露）台防水层的施工质量应全数检查，其余防水层施工质量抽查应不少于3处，不足3处应全数检查	观察，检查隐蔽验收记录
	3	砂浆防水层与基层之间及防水层各层之间结合情况	应结合牢固，不得有空鼓		观察、用小锤轻击检查
	4	厨房防水层范围	应从地面延伸到墙面，且至少高出地面完成面 300 mm		观察、用钢卷尺检查
	5	卫生间防水层范围	应从地面延伸到墙面，且至少高出地面完成面 600 mm		观察、用钢卷尺检查

续表 10.3.2-1

类别	序号	检查内容	质量要求	检查数量	检查方法
主控项目	6	浴室防水层范围	墙面的防水层高度不得低于1800 mm，与其他室内空间相邻墙面的防水层应至少延伸至浴室吊顶高度以上50 mm	相同材料、工艺的室内防水工程每套住宅为一个检验批；卫生间、厨房、阳（露）台防水层的施工质量应全数检查，其余防水层施工质量抽查应不少于3处，不足3处应全数检查	观察、用钢卷尺检查
	7	洗面盆台面防水层范围	洗面盆台面宽度范围内墙面的防水层高度不得低于1200 mm		观察、用钢卷尺检查
	8	阳台、门窗洞口处防水层范围	阳台防水遇墙面应上翻至建筑完成面以上450 mm；门洞口处应水平延伸300 mm，有外墙保温的墙面防水层应施工在结构基体面上		观察、用钢卷尺检查
	9	防渗漏、积水检查	防水层不得有渗漏和积水现象		蓄水试验或泼水试验，蓄水最小高度不应低于20 mm，时间不得少于48 h，检查楼下住房相应顶面
一般项目	1	砂浆防水层表面质量	密实、平整，不得有裂纹、起砂、麻面等缺陷；阴阳角处应做成圆弧形		观察
	2	砂浆防水层施工方法	应符合设计及施工方案要求		观察
	3	砂浆防水层的厚度	平均厚度应符合设计要求，最小厚度不得小于设计值的85%		尺量检查，检查施工记录

2 卷材防水工程的检查内容、质量要求、检查数量、方法应分部符合表10.3.2-2的规定。

表 10.3.2-2 卷材防水工程的检查内容、质量要求、检查数量、方法

<table>
<tr><th>类别</th><th>序号</th><th>检查内容</th><th>质量要求</th><th>检查数量</th><th>检查方法</th></tr>
<tr><td rowspan="4">主控项目</td><td>1</td><td>卷材防水层所用卷材及其配套材料</td><td>必须符合设计要求</td><td>同一生产厂家、同一品种、同一规格、同一批次检查一次</td><td>检查产品合格证、产品性能检测报告、进场复检报告</td></tr>
<tr><td>2</td><td>转角处、穿墙管等部位做法</td><td>必须符合设计要求</td><td rowspan="7">相同材料、工艺的室内防水工程每套住宅为一个检验批；卫生间、厨房、阳（露）台防水层的施工质量应全数检查，其余防水层施工质量抽查应不少于3处，不足3处应全数检查</td><td>观察及检查隐蔽工程验收记录</td></tr>
<tr><td>3</td><td>防水层范围</td><td>同表 10.3.2-1 主控项目 4～8 中的质量要求</td><td>观察、用钢卷尺检查</td></tr>
<tr><td>4</td><td>防渗漏、积水检查</td><td>防水层不得有渗漏和积水现象</td><td>蓄水试验或泼水试验，蓄水最小高度不应低于 20 mm，时间不得少于 48 h，检查楼下住房相应顶面</td></tr>
<tr><td rowspan="4">一般项目</td><td>1</td><td>卷材防水层基层</td><td>卷材防水层的基层应牢固，基面应整洁、平整，不得有空鼓、松动、起砂和脱皮现象；基层阴阳角处应做成圆弧形</td><td>观察及检查隐蔽工程验收记录</td></tr>
<tr><td>2</td><td>卷材防水层的搭接缝</td><td>应粘贴或焊接牢固密封严密，不得有扭曲、皱折、翘边和起泡等缺陷</td><td>观察</td></tr>
<tr><td>3</td><td>卷材搭接宽度、允许偏差</td><td>卷材搭接宽度应符合设计要求与国家相关标准的规定，允许偏差为 ± 5 mm</td><td>观察和尺量检查</td></tr>
<tr><td>4</td><td>侧墙卷材防水层的保护层与防水层</td><td>应粘结牢固、紧密结合、厚度均匀一致</td><td>观察</td></tr>
</table>

3 涂料防水工程的检查内容、质量要求、检查数量、方法应分部符合表 10.3.2-3 的规定。

表 10.3.2-3 涂料防水工程的检查内容、质量要求、检查数量、方法

类别	序号	检查内容	质量要求	检查数量	检查方法
主控项目	1	防水涂料及配套材料品种及性能	应符合设计要求及国家现行标准的有关规定	同一生产厂家、同一品种、同一规格、同一批次检查一次	检查产品出厂合格证书、性能检验报告、进场验收记录和复验报告
	2	转角处、穿墙管等部位做法	应符合设计要求	相同材料、工艺的室内防水工程每套住宅为一个检验批；卫生间、厨房、阳（露）台防水层的施工质量应全数检查，其余防水层施工质量抽查应不少于3处，不足3处应全数检查	观察；检查隐蔽验收记录
	3	防水层范围	同表 10.3.2-1 主控项目 4～8 中的质量要求		观察、用钢卷尺检查
	4	防渗漏、积水检查	防水层不得有渗漏和积水现象		蓄水试验或泼水试验，蓄水最小高度不应低于 20 mm，时间不得少于 48 h，检查楼下住房相应顶面
一般项目	1	表面质量	涂料防水层应与基层粘结牢固，表面应平整，涂刷应均匀，不得有流淌、露底、气泡、皱折和翘边等缺陷，增强胎布搭接宽度不小于 100 mm		观察
	2	涂料防水层的厚度	涂料防水层的平均厚度应符合设计要求，最小厚度不得小于设计厚度的 90%		针测法或割取 20 mm×20 mm 实样用卡尺测量
	3	侧墙涂料防水层的保护层与防水层	应粘结牢固、紧密结合、厚度均匀一致		观察

11 卫生器具、厨卫设备及管道安装

11.1 一般规定

11.1.1 本章适用于厨房、卫生间内洗涤、洁身等卫生器具和燃气、用电设备以及套内进水阀后给水管段、套内排水管段的施工与质量控制。

11.1.2 安装应在给水管线预埋完成且隐蔽验收合格、排水管通水通球试验完成并合格之后进行。

11.1.3 生活给水系统所涉及的材料必须达到饮用水卫生标准。塑料管材的冷水管严禁用作热水管。

11.1.4 卫生器具及配件应采用节水型器具。

11.1.5 卫生器具交工前应做满水和通水试验，正式通水前，应关闭全部分户阀门，然后分户通水分户检查有无渗漏情况，如有渗漏应立即修复，以免渗漏造成地板、柜体、涂料等成品破坏。

11.2 施工要点

11.2.1 卫生器具安装应符合以下要求：

1 各种卫生器具与地面或墙体的连接应用金属固定件安装牢固，表面应安置铅质或橡胶垫片，金属固定件应进行防腐处理。

2 卫生器具的安装高度，如无设计要求，应符合《建筑给水排水及采暖工程质量验收规范》的要求。

3 当卫生器具安装在多孔砖墙时，应凿孔填实水泥砂浆后再进行固定件安装。当墙体为轻质隔墙时，应在墙体内设后置埋件，后置埋件应与墙体连接牢固。如对防水层有破坏，应对防水层做修复处理。

4 各种卫生器具与台面、墙面、地面等接触部位均应采用中性防霉硅酮胶或防水密封条密封。

5 卫生器具不得采用水泥砂浆窝嵌。

6 排水栓和地漏安装应平正，牢固，地漏应低于排水地面，周边无渗漏。

7 有装饰面的浴缸应设置检修口。

8 坐便器与地面连接处打上白色中性防霉硅胶，并修整四周，胶缝宽度应为8 ~ 10 mm，整个四周应打满。硅胶完成后，应保持坐便器周边24 h内不接触水，使硅胶固化。

9 淋浴门应启闭灵活，无卡滞，玻璃与墙体交接部位应打透明硅胶密封，硅胶施打美观，确保淋水无渗漏；外开淋浴门宜设导流装置，坡向淋浴房。

10 玻璃与玻璃之间密封胶条，冬季或夏季，弹性和软硬度都应无明显变化，而且需不变色、耐寒和不龟裂。装配式淋浴房玻璃隔墙底部宜设置挡水条，挡水条内部应采用可靠措施防止渗水。

11 玻璃和墙体之间收口胶宜采用装饰胶，打胶宽度不宜大于8 mm。

11. 2. 2 管道的安装应符合以下要求：

1 管道敷设应横平竖直，其固定支架、管卡位置及管道坡度等应符合设计和规范要求，并易于拆卸、维修。

2 冷热水管安装应上热下冷、左热右冷。进水管节点应严密无渗漏。当冷热水供水系统采用分水器供水时，应采用半柔性管材连接。不同品种的塑料管道不应混用，管材与管件应匹配。

3 卫生器具的出水管应套入排水管内，与排水管吻合、密封。排水管道连接应采用有橡胶垫片排水栓。

4 室内排水立管隐蔽安装时，应留出立管上的检查口的操作位置。

5 卫生间金属管道和设备应按设计做好等电位连接。

11.2.3 卫生器具的配件安装应符合以下要求：

1 卫生器具的配件应完好无损伤，接口严密，启闭部分灵活。

2 各类阀门安装应位置正确且平正，冷热水不应安反，便于使用和维修。

3 卫生器具配水点位置、标高应按产品资料预留，一般为：洗涤盆龙头给水点位高度宜为距台面完成面35 cm，冷热水点位中心在洗涤盆柜中间；坐便器给水点位高度宜为距地面完成面15 cm；坐便器进水口离地高度根据坐便器实际尺寸定位；淋浴房给水点位高度宜为距淋浴房地面完成面115 cm，中心为淋浴房中心线；浴缸给水点龙头给水点位高度宜为浴缸完成面上部15 cm，中心为浴缸中心线。

4 预埋内丝高度需略低于或平墙面完成面，内丝表面应平整，以保证龙头安装后美观。

11.2.4 燃气热水器的安装应符合以下要求：

1 热水器如选用强排式，应安装在室外、外廊、阳台、通风换气良好的厨房或非居住房间内，严禁安装在卧室、地下室、浴室（平衡式热水器除外）。

2 热水器的安装高度，以热水器的操作面板与人眼高度相齐为宜，下沿宜距地面1.5 m，排烟口离天棚距离宜大于600 mm。

3 热水器的上部不得有电力明线、电器设备和易燃物，热水器与电器设备、燃气表、燃气灶的水平净距应大于300 mm，其周围应有不小于200 mm的安全间距；连接燃气热水器的燃气管宜使用不锈钢波纹软管。

4 热水器烟道水平部分的长度宜小于3 m，烟道出风口应避免在塑料排水管附近。

5 热水器烟道不应隐埋在天花板内，不得已情况下，应用绝热防火材料包裹，厚度20 mm以上。

6 排气管连接处要用锡纸严密包裹保证不漏烟气，当由窗户玻璃排出的，应在排气管与玻璃间采用隔热保护措施。

7 热水器排烟管道与墙洞空缝处应采取密封处理，排烟口应向下倾斜。

11.2.5 燃气灶具的安装应符合以下要求：

1 灶具的灶面边缘距木质家具的净距不得小于200 mm，灶具背面与墙净距不应小于150 mm，侧面与墙净距不应小于200 mm，若墙面或灶具周围属易燃材料，应加贴隔热防火层，该防火层多出灶面两端及灶具以下部分应不少于100 mm，多出灶具以上部分应不少于800 mm。

2 灶具宜安放在空气流通的地方，但不应让穿堂风直吹灶具。

3 灶具进气管宜用不锈钢波纹软管连接，连接处的缝隙一定要密封，管道必须明设，软管的弯曲半径应大于5 cm，长度不宜超过2 m。

4 灶具连接到气源处必须设有可关闭气路的阀门。

11.2.6 吸油烟机的安装应符合以下要求：

1 吸油烟机应安装在燃气灶具中心点正上方位置上，其底平面与燃气灶具之间的距离应在650 mm ~ 750 mm范围内，不宜过高或过低。

2 安装时吸油烟机应有一个面对操作者的机体前端上仰3° ~ 5°的仰角（侧吸式除外）。

3 出风管不宜超过2 m，应避免3个及3个以上90°折弯。

4 出风管连接可靠，软管应嵌入止回阀组件。

5 出风管压扁后的最小直径不应小于160 mm。出风管接口应小于2个，接口处应使用铝箔胶带可靠密封，密封面宽度宜大于50 mm且无气泡。

6 单层结构公用烟道的厨房应使用止逆阀，且确保止逆阀的叶片能够正常的开合；双层结构的公用烟道出风管安装应连接至副烟道，不宜直接安装在主烟道内。预埋烟管前应对堵塞的公用烟道进行清理。

11.2.7 浴霸的安装应符合以下要求：

1 浴霸安装在淋浴区顶部的中心位置，安装高度宜为2.1 m ~ 2.4 m。

2 风管长度不宜超过1.5 m。

3 浴霸的电源配线应暗敷，电源控制开关应为防溅型，且不应小于10 A。

11.3 质量要求

11.3.1 主要材料应进行入场复检，复检项目应符合本标准附录B及国家相关标准的规定。

11.3.2 洗涤盆的检查内容、质量要求、检查数量、检查方法应符合设计要求并符合表11.3.2的规定。

表 11.3.2 洗涤盆的检查内容、质量要求、检查数量、检查方法

类别	序号	检查内容	质量要求	检查数量	检查方法
主控项目	1	品种及性能	品种、规格、颜色及性能设计及产品标准的要求	同一生产厂家、同一品种、同一规格、同一批次检查一次	观察检查，检查产品合格证、进场验收记录和性能检验报告
	2	洗涤盆安装	洗涤盆固定牢固，不晃动	全数检查	观察
			洗涤盆与台面板之间应密封严密		观察
一般项目	1	外观	洗涤盆排水存水弯和水龙头表面无损伤	全数检查	观察

11.3.2 浴缸的检查内容、质量要求、检查数量、检查方法应符合表 11.3.3 的规定。

表 11.3.3 浴缸的检查内容、质量要求、检查数量、检查方法

类别	序号	检查内容	质量要求	检查数量	检查方法
主控项目	1	品种及性能	品种、规格、颜色及性能设计及产品标准的要求	同一生产厂家、同一品种、同一规格、同一批次检查一次	观察检查；检查产品合格证、进场验收记录和性能检验报告
	2	浴缸安装	浴缸的各连接处应密封无渗漏，阀门启闭灵活	全数检查	试水、手扳观察
			浴缸的排水配件中排水管必须用硬质管（除原配件外），不得使用塑料软管		观察

11.3.4 便器的检查内容、质量要求、检查数量、检查方法应符合表 11.3.4 的规定。

表 11.3.4　便器的检查内容、质量要求、检查数量、检查方法

类别	序号	检查内容	质量要求	检查数量	检查方法
主控项目	1	品种及性能	品种、规格、颜色及性能设计及产品标准的要求	同一生产厂家、同一品种、同一规格、同一批次检查一次	观察检查，检查产品合格证、进场验收记录和性能检验报告
	2	便器安装	便器整体安装应稳固	全数检查	手扳观察
			便器的排水管必须用硬质管（除原配件外），不得使用塑料软管		观察
			便器的排水嘴与排水管道、便器与给水管等连接节点应无渗漏		试水观察
一般项目	1	外观	便器表面清洁、无裂缝、无损伤		观察

11.3.5　淋浴房的检查内容、质量要求、检查数量、检查方法应符合设计要求并符合表 11.3.5 的规定。

表 11.3.5　淋浴房的检查内容、质量要求、检查数量、检查方法

<table>
<tr><th>类别</th><th>序号</th><th>检查内容</th><th>质量要求</th><th>检查数量</th><th>检查方法</th></tr>
<tr><td rowspan="5">主控项目</td><td>1</td><td>品种及性能</td><td>品种、规格、颜色及性能设计及产品标准的要求</td><td>同一生产厂家、同一品种、同一规格、同一批次检查一次</td><td>观察检查，检查产品合格证、进场验收记录和性能检验报告</td></tr>
<tr><td rowspan="2">2</td><td rowspan="2">淋浴房安装</td><td>淋浴房给排水配件应完好无损，接口严密，无渗漏，启闭部分灵活</td><td rowspan="5">全数检查</td><td>试水观察</td></tr>
<tr><td>淋浴房与墙体结合部分应无渗漏</td><td>试水观察</td></tr>
<tr><td>3</td><td>给水配件</td><td>淋浴房的给水配件安装平整牢固，碗形护罩应与墙面紧贴</td><td>观察</td></tr>
<tr><td>4</td><td>管道</td><td>淋浴房的管道应无渗漏，无凹凸弯扁等缺陷</td><td>观察</td></tr>
<tr><td>一般项目</td><td>1</td><td>外观</td><td>淋浴房表面光滑，洁净，色调一致，无损坏，无裂缝</td><td>观察</td></tr>
</table>

11.3.6　卫生器具及给水配件工程的检查内容、质量要求、检查数量、检查方法应符合表 11.3.6 的规定。

表 11.3.6　卫生器具及给水配件工程的检查内容、质量要求、数量、方法

类别	序号	检查内容	质量要求	检查数量	检查方法
主控项目	1	品种及性能	品种、规格、颜色及性能设计及产品标准的要求	同一生产厂家、同一品种、同一规格、同一批次检查一次	观察检查，检查产品合格证、进场验收记录和性能检验报告
	2	排水栓与地漏安装	地漏安装位置正确、低于排水表面、排水畅通，与地面接触紧密。排水栓与地漏的安装应平正、牢固，低于排水表面，周边无渗漏。地漏水封高度不得小于 50 mm	全数检查	按照设计和施工质量验收规范规定，试水观察检查
	3	卫生器具满水试验和通水试验	按照设计和施工质量验收规范规定，检验具有溢流功能的卫生器具满水后各连接件不渗不漏；通水试验溢流口、给水、排水畅通。卫生器具交工前应做满水通水试验		按照设计和施工质量验收规范规定，试水观察检查
	4	卫生器具给水配件	卫生器具给水配件安装应完整无损伤、接口严密，启闭部件灵活。卫生器具给水配件的支、托架必须防腐良好，安装平整、牢固，与器具接触紧密、平稳		观察和手扳检查

续表 11.3.6

<table>
<tr><th>类别</th><th>序号</th><th colspan="2">检查内容</th><th colspan="2">质量要求</th><th>检查数量</th><th>检查方法</th></tr>
<tr><td rowspan="13">一般项目</td><td rowspan="7">1</td><td colspan="2">项目</td><td colspan="2">偏差（mm）</td><td>—</td><td>—</td></tr>
<tr><td rowspan="6">卫生器具安装允许偏差</td><td rowspan="2">坐标</td><td>单独器具</td><td>10</td><td rowspan="12">每检验批抽查10%，少于5处全数检查</td><td rowspan="6">观察检查</td></tr>
<tr><td>成排器具</td><td>5</td></tr>
<tr><td rowspan="2">标高</td><td>单独器具</td><td>±15</td></tr>
<tr><td>成排器具</td><td>±10</td></tr>
<tr><td>器具水平度</td><td colspan="2">2</td></tr>
<tr><td>器具垂直度</td><td colspan="2">3</td></tr>
<tr><td rowspan="3">2</td><td rowspan="3">给水配件安装允许偏差</td><td>高、低水箱、角阀及截止阀，水嘴</td><td colspan="2">±10</td><td rowspan="3">观察和手扳检查</td></tr>
<tr><td>淋浴器喷头下沿</td><td colspan="2">±15</td></tr>
<tr><td>浴盆软管淋浴器挂钩</td><td colspan="2">±20</td></tr>
<tr><td>3</td><td colspan="2">浴盆检修门</td><td colspan="2">有饰面的浴盆，应留有通向浴盆的排水口的检修门</td><td>观察检查</td></tr>
<tr><td>4</td><td colspan="2">卫生器具的支、托架</td><td colspan="2">必须防腐良好，安装应平整、牢固，与器具接触紧密、平稳。</td><td>观察和手扳检查</td></tr>
<tr><td>5</td><td colspan="2">浴缸淋浴器</td><td colspan="2">挂钩高度距地1.8 m</td><td>尺量检查</td></tr>
</table>

11.3.7 卫生器具排水管道工程的检查内容、质量要求、检查数量、检查方法应符合表 11.3.7 的规定。

表 11.3.7 卫生器具排水管道工程的检查内容、质量要求、检查数量、检查方法

<table>
<tr><th>类别</th><th>序号</th><th colspan="2">检查内容</th><th colspan="2">质量要求</th><th>检查数量</th><th>检查方法</th></tr>
<tr><td rowspan="3">主控项目</td><td>1</td><td colspan="2">品种及性能</td><td colspan="2">品种、规格、颜色及性能设计及产品标准的要求</td><td>同一生产厂家、同一品种、同一规格、同一批次检查一次</td><td>观察检查；检查产品合格证、进场验收记录和性能检验报告</td></tr>
<tr><td>2</td><td colspan="2">器具受水口与立管，管道与楼板接合</td><td colspan="2">与排水横管连接的各卫生器具的受水口和立管均应采取妥善可靠的固定措施；管道与楼板的接合部位应采取牢固可靠的防渗、防漏措施</td><td rowspan="2">全数检查</td><td>观察和手扳检查</td></tr>
<tr><td>3</td><td colspan="2">连接排水管应严密，其支托架安装</td><td colspan="2">连接卫生器具的排水管道接口应紧密不漏，其固定支架、管卡等支撑位置应正确、牢固，与管道的接触应平整</td><td>观察及通水检查</td></tr>
<tr><td rowspan="4">一般项目</td><td rowspan="4">1</td><td colspan="3">项目</td><td>偏差（mm）</td><td rowspan="4">每检验批抽查10%，少于5处全数检查</td><td rowspan="4">用水平尺尺量检查</td></tr>
<tr><td rowspan="3">安装允许偏差</td><td rowspan="3">横管弯曲度</td><td>每 1 m 长</td><td>2</td></tr>
<tr><td>横管长度≤10 m，全长</td><td><8</td></tr>
<tr><td>横管长度>10 m，全长</td><td>10</td></tr>
</table>

续表 11.3.7

<table>
<tr><th>类别</th><th>序号</th><th colspan="3">检查内容</th><th colspan="2">质量要求</th><th>检查数量</th><th>检查方法</th></tr>
<tr><td rowspan="14">一般项目</td><td rowspan="4">1</td><td rowspan="4">安装允许偏差</td><td colspan="2" rowspan="2">卫生器具排水管口及横支管纵横坐标</td><td>单独器具</td><td>10</td><td rowspan="14">每检验批抽查10%，少于5处全数检查</td><td rowspan="4">用水平尺尺量检查</td></tr>
<tr><td>成排器具</td><td>5</td></tr>
<tr><td colspan="2" rowspan="2">卫生器具的接口标高</td><td>单独器具</td><td>± 10</td></tr>
<tr><td>成排器具</td><td>± 5</td></tr>
<tr><td rowspan="10">2</td><td rowspan="10">排水管最小坡度</td><td colspan="2">卫生器具名称</td><td>管径（mm）</td><td>坡度（‰）</td><td rowspan="10">用水平尺和尺量检查</td></tr>
<tr><td colspan="2">污水盆（池）</td><td>50</td><td>25</td></tr>
<tr><td colspan="2">单、双格洗涤盆（池）</td><td>50</td><td>25</td></tr>
<tr><td colspan="2">洗手盆、洗脸盆</td><td>32 ~ 50</td><td>20</td></tr>
<tr><td colspan="2">浴盆</td><td>50</td><td>20</td></tr>
<tr><td colspan="2">淋浴器</td><td>50</td><td>20</td></tr>
<tr><td rowspan="2">大便器</td><td>高低水箱</td><td>100</td><td>12</td></tr>
<tr><td>自闭式冲洗阀</td><td>100</td><td>12</td></tr>
<tr><td colspan="2">净身器</td><td>40 ~ 50</td><td>20</td></tr>
<tr><td colspan="2">饮水器</td><td>20 ~ 50</td><td>10 ~ 20</td></tr>
</table>

11.3.8 燃气热水器安装的检查内容、质量要求、检查数量、检查方法应符合表 11.3.8 的规定。

表 11.3.8 燃气热水器安装的检查内容、质量要求、检查数量、检查方法

类别	序号	检查内容	质量要求	检查数量	检查方法
主控项目	1	品种及性能	品种、规格、颜色及性能设计及产品标准的要求	同一生产厂家、同一品种、同一规格、同一批次检查一次	观察检查，检查产品合格证、进场验收记录和性能检验报告
	2	管路	排烟管安装时中间部分不应下垂	全数检查	观察
			排气管连接处要用锡纸严密包裹保证不漏烟气		观察
			水路连接密封良好无漏水		观察
一般项目	1	安装固定	热水器整机水平、牢固安装		观察
	2	外观	无明显损伤		观察
	3	电源	热水器的上部不得有电力明线、电器设备和易燃物，热水器与电器设备、燃气表、燃气灶的水平净距应大于 300 mm，其周围应有不小于 200 mm 的安全间距		观察

11.3.9 灶具安装的检查内容、质量要求、检查数量、检查方法应符合表 11.3.9 的规定。

表 11.3.9 灶具安装的检查内容、质量要求、检查数量、检查方法

类别	序号	检查内容	质量要求	检查数量	检查方法
主控项目	1	品种及性能	品种、规格、颜色及性能设计及产品标准的要求	同一生产厂家、同一品种、同一规格、同一批次检查一次	观察检查，检查产品合格证、进场验收记录和性能检验报告
	2	使用安全	灶具的灶面边缘距木质家具的净距不得小于 200 mm，灶具背面与墙净距不应小于 150 mm，侧面与墙净距不应小于 200 mm，若墙面或灶具周围属易燃材料，应加贴隔热防火层，该防火层多出灶面两端及灶具以下部分应不少于 100 mm，多出灶具以上部分应不少于 800 mm	全数检查	尺量
	3	气源确认	燃气气源与燃气灶适用的气源相符		观察
	4	气密性检测	确保燃气灶各管道、管件连接处密封良好		气密检测
	5	气源隔绝	燃气灶连接到气源处必须设有可关闭气路的阀门		观察
一般项目	1	外观	无明显损伤		观察
	2	橱柜匹配	灶具中心应与油烟机中心垂直重合		尺量
			下进风的灶具橱柜柜体应留有通风口		观察

11.3.10 吸油烟机安装烟管预埋的检查内容、质量要求、检查数量、检查方法应符合表 11.3.10 的规定。

表 11.3.10 油烟机安装烟管预埋的检查内容、质量要求、检查数量、检查方法

类别	序号	检查内容	质量要求	检查数量	检查方法
主控项目	1	品种及性能	品种、规格、颜色及性能设计及产品标准的要求	同一生产厂家、同一品种、同一规格、同一批次检查一次	观察检查，检查产品合格证、进场验收记录和性能检验报告
	2	功能	吸油烟机通电后正常工作	全数检查	观察
	3	烟管弯数	烟管 90°弯应小于 3 个		尺量
	4	止逆阀	单层结构公用烟道应该强制安装烟道止逆阀装置		观察
			止逆阀的叶片能够正常的开合		观察
			公用烟道接口处不能出现漏风、漏烟现象		观察
一般项目	1	公用烟道	烟道口 30 cm 范围内无异物		观察
	2	安装水平度	烟机应安装水平、无晃动		观察
	3	外观	无明显损伤		观察
	4	安装高度	烟机底板距离台面 650 mm ~ 750 mm		尺量

12 电气工程

12.1 一般规定

12.1.1 本章适用于电气工程包含入户电度表后住宅套内家居配电箱、导管、电线、开关插座、照明灯具的施工及质量控制。

12.1.2 保护导体（PE）或中性导体（N）支线必须单独与保护导体（PE）或中性导体（N）干线相连接，不得串联连接。

12.1.3 严禁任何导线直接暗敷，不得外露明敷，穿线前应将电线管内积水及杂物清除干净。

12.1.4 绝缘导线的分线、接线应设置在专用接线盒（箱）或器具内，严禁设置在导管和槽盒内，盒（箱）的设置位置应便于检修。

12.1.5 应根据套内用电设备的不同功率，从家居配电箱分别配线供电，大功率家电设备应采用专用回路供电，并设置单独插座。

12.2 施工要点

12.2.1 家居配电箱安装应符合下列要求：

1 进入箱体的导管开孔应排列整齐，孔径与管或丝接头应适配。

2 家居配电箱应暗装在墙内，并应有保护面板，安装高度不宜低于1.6 m。

3 家居配电箱断路器应贴有标签并标明用途，电线应标明编号，标签书写应清晰、端正、正确。

12.2.2 电线导管的铺设应符合以下要求：

1 导管应暗敷，敷设前应根据用电器具的位置和施工图的要求确定管路走向，导管宜沿最近路线敷设并应减少弯曲。

2 导管敷设长度超过15 m或有两个直角弯时应增设接线盒，接线盒的位置便于检修，严禁接线盒隐蔽在墙体内。

3 配管剔槽时应用切割器切割，槽宽、槽深应与导管外径适配，当塑料导管在砌体上剔槽埋设时，应采用强度等级不小于M10的水泥砂浆抹面保护，保护层厚度不小于15 mm。

4 除搁置式吊顶部位的灯具和固定板部位嵌入式灯具的接线外，不得采用柔性导管，导管敷设在吊顶、隔墙及装饰空间内时，安装固定应按明管要求施工，管路连接的各类附件、接线盒及盒盖应齐全，管路应采用专用管卡固定在吊杆、龙骨或建筑物上。

5 扣压、紧定式镀锌钢导管的管接头等配件应为同一厂家产品，扣压式导管连接应使用专用压接钳，压点及压点数量应符合产品规定，紧定式导管连接应拧紧钉丝至螺帽自动脱断。

12.2.3 导线穿管和接线的施工应符合以下要求：

1 配线的型号规格应符合设计要求，且必须满足线路的最大负荷。

2 三相供电时，相线（L1、L2、L3）应分别用黄色、绿色、红色线，中性导体（N）应用淡蓝色，保护导体（PE）应用黄-绿双色组合色；单相供电时室内的相线颜色应统一，中性导体和保护导体同三相供电。

3 电源线与通信线不得穿入同一根管内。

4 除同一或同类照明灯具外，不同回路的电线不得穿在同一导管内；照明回路同一管内敷设时，管内电线总根数不应超过8根，且留有线管截面积60%的散热面积。

5 导线穿管和接线施工应按设计进行，导线穿入钢管时管口应装设护线套口保护。

6 单相两孔插座，面对插座的右孔或上孔与相线连接，左孔或下孔与中性保护导体（N线）连接；单相三孔插座，面对插座的右孔与相线连接，左孔与中性保护导体（N线）连接。

7 单相三孔、三相四孔及三相五孔插座的保护导体（PE线）接在上孔。插座的保护导体端子不与中性导体端子连接。同一场所的三相插座，接线的相序一致。

8 连接开关、螺口灯具导线时，相线应先接开关，开关引出的相线应接在灯中心的端子上，中性线应接在螺纹的端子上。

9 线路及电器与其他管道和设施的最小距离应符合以下要求：

1）距热水管道平行距离不应小于100 mm，在其上方为150 mm，交叉距离不应小于100 mm；

2）距给排水、通风等管道及设施，平行为100 mm，交叉为50 mm；

3）距燃气管道及设施为500 mm，在其上方为150 mm。

12. 2. 4 开关插座安装应符合以下要求：

1 开关、插座、终端面板的类型、安装高度和位置应符合设计要求，且使用方便。

2 同一室内相同规格并列安装的插座高度应一致。

3 开关应距门框边缘0.15 ~ 0.2 m，开关安装不宜在门后，距地面宜为1.3 m；插座的安装高度应符合表3.3.2的要求；终端面板距地面应符合设计要求，一般不宜小于300 mm；洗浴设备的插座PE线应与卫生间等电位端子相连接。

4 软包墙壁面不宜安装开关、插座，可燃墙面上安装的开关插座应有良好的防火隔离措施，严禁可燃材料进入开关、插座盒内。

5 厨房、卫生间应安装防溅插座，开关宜安装在门外开启侧的墙体上。

6 同一室内开关插座距门边、阴阳角的距离，安装高度、间距、部位应一致，开关通断方向应一致，操作灵活、接触可靠。

12.2.5 灯具安装应符合以下要求：

1 安装灯具前，线路绝缘测试应合格。

2 灯具的组装和安装应符合产品技术文件或说明书的要求。

3 可燃装饰面不宜安装嵌入式射灯、点源灯等高温灯具，必须安装时应采取有效的隔离、散热及防火措施。安装的壁灯电线及接头应有效地与可燃装饰面隔离。

4 灯池内安装荧光灯应采用金属盒封装的灯架，灯池内不得安装裸露电线的灯具，可燃构件上不应安装灯具。

5 灯具固定牢固可靠，在砌体和混凝土结构上严禁使用木楔、尼龙塞或塑料塞。

6 由接线盒引至嵌入式灯具的导线应采用柔性导管保护，导线不得裸露；导管与灯具壳体应采用专用接头连接。

7 Ⅰ类灯具的不带电的外露可导电部分必须用铜芯软导线与保护导体（PE）干线可靠连接，其最小允许截面积不小于 2.5 mm^2，连接处应有标识。

12.2.6 用电设备的安装应符合以下要求：

1 用电设备的固定方法、安装位置应符合设计要求。

2 用电设备的位置应设置对应的插座孔。

3 用电设备的插座应有接地装置。

12.2.7 局部等电位联结应包括卫生间内金属给水排水管、金属浴盆、金属洗脸盆、金属采暖管、金属散热器、卫生间电源插座的PE 线以及建筑物钢筋网。

12.2.8 住宅建筑套内下列电气装置的外露可导电部分均应可靠接地：

1 固定家用电器、手持式及移动式家用电器的金属外壳。

2 家居配电箱、家居配线箱、家居控制器的金属外壳。

3 线缆的金属保护导管、接线盒及终端盒。

4 Ⅰ类照明灯具的金属外壳。

12.3 质量要求

12. 3. 1 主要材料应进行入场复检，复检项目应符合本标准附录B及国家相关标准的规定。

12. 3. 2 家居配电箱安装的检查内容、质量要求、数量、方法应符合表12.3.2的规定。

表 12.3.2 家居配电箱安装的检查内容、质量要求、数量、方法

类别	序号	检查内容	质量要求	检查数量	检查方法及要求
主控项目	1	品种及性能	品种、规格、颜色及性能设计及产品标准的要求	同一生产厂家、同一品种、同一规格、同一批次检查一次	观察检查；检查产品合格证、进场验收记录和性能检验报告
	2	箱（盘）间线路绝缘电阻值测试	家居配电箱间线路的线间和线对地间绝缘电阻值，馈电线路应不小于0.5 MΩ	每检验批回路数抽查 20%，且不得少于 1 个回路	观察、全数检查记录
	3	箱（盘）内结线及开关动作	（1）箱（盘）内配线整齐，无铰接现象。导线连接紧密，不伤线芯，不断股。垫圈下螺丝两侧压的导线截面积相同，同一端子上导线连接不多于 2 根，防松垫圈等零件齐全。 （2）箱（盘）内开关动作灵活可靠。 （3）照明箱（盘）内，分别设置中性导体（N 线）和保护导体（PE 线）汇流排。 （4）家居配电箱（盘）内的剩余电流动作保护器（RCD）应在施加额定剩余动作电流（$I\Delta n$）的情况下测试动作时间，测试值应符合设计要求	每检验批家居配电箱数量抽查 10%，且不得少于 1 台	观察和利用螺丝刀、内六角扳手、漏电测试仪检查

续表 12.3.2

类别	序号	检查内容	质量要求	检查数量	检查方法及要求
一般项目	1	箱（盘）内检查试验	（1）控制开关及保护装置的规格、型号符合设计要求； （2）箱、盘上的标识器件标明被控设备编号及名称，或操作位置，接线端子有编号，且清晰、工整、不易脱色	每检验批家居配电箱数量抽查 10%，少于5台全数进行检查	观察和利用设计系统图纸检查
	2	箱（盘）间配线	（1）导线应采用铜芯绝缘线，每套住宅进户线截面不应小于 $10\ mm^2$，分支回路截面不应小于 $2.5\ mm^2$； （2）导线连接不应损伤线芯		观察和利用螺丝刀、外径千分尺检查
	3	箱（盘）安装位置、开孔、回路编号等	（1）位置正确，部件齐全、箱体开孔与导管管径适配，暗装家居配电箱箱盖紧贴墙面，箱（盘）涂层完整； （2）箱（盘）内接线整齐，回路编号齐全，标识正确； （3）箱（盘）不可采用可燃材料制作； （4）箱（盘）安装牢固，垂直度允许偏差不大于1.5‰		观察，利用螺丝刀、线坠、直尺检查。全数检查物资进场记录

12.3.3 室内电线导管敷设质量检查内容、质量要求、数量、方法应符合表 12.3.3 的规定。

表 12.3.3 电线导管敷设质量检查内容、质量要求、数量、方法

类别	序号	检查内容	质量要求	检查数量	检查方法
主控项目	1	品种及性能	品种、规格、颜色及性能设计及产品标准的要求	同一生产厂家、同一品种、同一规格、同一批次检查一次	观察检查，检查产品合格证、进场验收记录和性能检验报告
	2	金属导管应与保护导体（PE）可靠连接	（1）镀锌的钢导管、可挠性导管和金属线槽不得熔焊接接地线，以专用接地卡跨接的两卡间连线为铜芯软导线，截面积不小于 4 mm^2； （2）当非镀锌钢导管采用螺纹连接时，连接处的两端熔焊跨接接地线；当镀锌钢导管采用螺纹连接时，连接处的两端用专用接地卡固定跨接接地线	每检验批抽查 10%，少于 10 处的明配管全数检查，并全数检查记录	观察，利用外径千分尺、扳手检查，检查记录
	3	金属导管的连接	金属导管严禁对口熔焊连接；镀锌和壁厚小于等于 2 mm 的钢管不得套管熔焊连接	按每个检验批的金属导管连接头总数抽查 20%，并应能覆盖不同的连接方式且各不得少于 1 处	观察、利用游标卡尺检查，检查记录
	4	绝缘导管在砌体剔槽埋设	应采用强度等级不小于 M10 的水泥砂浆抹面保护，保护层厚度大于 15 mm	抽查资料	观察检查
一般项目	1	金属导管的防腐	金属导管内、外壁应作防腐处理	每检验批抽查 10%，少于 5 处的明配管安装全数检查，并全数检查记录	观察，检查记录

续表 12.3.3

类别	序号	检查内容	质量要求	检查数量	检查方法
一般项目	2	绝缘导管的连接和保护	（1）管口平整光滑：管与管、管与盒（箱）等器件采用插入法连接，连接处结合面涂专用胶粘剂，接口牢固密封； （2）当设计无要求时，埋设在墙内或混凝土内的绝缘导管，采用中型以上的导管	全数检查	全数观察明配管安装，检查记录
	3	柔性导管的长度、连接和接地	（1）刚性导管经柔性导管与电气设备、器具连接，柔性导管的长度在照明工程中不大于1.2 m； （2）可挠金属管或其他柔性导管与刚性导管或电气设备、器具间的连接采用专用接头；复合型可挠金属管或其他柔性导管的连接处密封良好，防液覆盖层完整无损； （3）可弯曲金属导管和金属柔性导管不应做保护导体（PE）的接续导体	全数检查	观察、利用卷尺检查

12. 3. 4 电线穿管质量检查内容、质量要求、数量、方法见表 12.3.4 的规定。

表 12.3.4 电线穿管质量检查内容、质量要求、数量、方法

类别	序号	检查内容	质量要求	检查数量	检查方法
主控项目	1	品种及性能	品种、规格、颜色及性能设计及产品标准的要求	同一生产厂家、同一品种、同一规格、同一批次检查一次	观察检查，检查产品合格证、进场验收记录和性能检验报告
	2	电线穿管	不同回路、不同电压等级和交流与直流的电线，不应穿于同一导管内；同一交流回路的电线应穿于同一金属导管内。绝缘导线接头应设置在专用接线盒（箱）或器具内，严禁设置在导管和槽盒内，盒（箱）的设置位置应便于检修	每检验批回路数抽查10%，少于10个回路全数检查	观察
一般项目	1	电线、电缆管内清扫和管口处理	管口应有保护措施，不进入接线盒（箱）的垂直管口穿入电线后，管口应密封		观察
	2	同一套内绝缘层颜色的选择	配线时，相线（L）应用黄色或者绿色或者红色线，中性导体（N）用淡蓝色，保护导体（PE）应是黄-绿双色组合色。单相供电时室内的相线颜色应统一	每检验批抽查10%，少于5处全数检查	观察

12. 3. 5 等电位连接及接地，应符合设计要求和本标准第12.2.7、12.2.8条的规定。

12.3.6 开关、插座安装质量检查内容、质量要求、数量、方法见表 12.3.6 的规定。

表 12.3.6 开关、插座安装质量检查内容、质量要求、数量、方法

类别	序号	检查内容	质量要求	检查数量	检查方法
主控项目	1	品种及性能	品种、规格、颜色及性能设计及产品标准的要求	同一生产厂家、同一品种、同一规格、同一批次检查一次	观察检查;检查产品合格证、进场验收记录和性能检验报告
	2	插座的接线	(1) 12.2.2 第 5 条; (2) 12.2.2 第 6 条; (3) 12.2.2 第 7 条; (4) 12.2.2 第 8 条	全数检查	运用漏电测试仪和相位检测仪在通电情况下检查
	3	特殊情况下的插座安装	(1) 当接插有触电危险家用电器的电源时,采用能断开电源的带开关插座,开关断开相线; (2) 潮湿场所所采用密封型并带保护地线触头的保护型插座,安装高度不低于 1.5 m	全数检查	观察并应用卷尺、螺丝刀检查
	4	照明开关的选用	同一建筑物,构筑物的开关采用同一系列产品,开关的通断位置一致,操作灵活、接触可靠	全数检查	观察、通电检查,样板房比较
	5	数量	套内插座设置应符合装修设计中表 4.3.2 的要求	全数检查	观察

续表 12.3.6

类别	序号	检查内容	质量要求	检查数量	检查方法
一般项目	1	插座安装和外观检查	(1)暗装的插座盒应与安装面平齐，盒内干净整洁，无锈蚀；装于装饰面上的插座，导线不得裸露在装饰层内；面板紧贴安装面，四周无缝隙，安装牢固，表面光滑、无碎裂、划伤，装饰帽(板)齐全。(2)插座安装高度应符合设计要求，同一室内相同规格并列安装的插座高度应一致；成排安装的开关高度应一致，高低差不应大于 1.5 mm；开关、插座的面板并列安装时，高度差绝对值不应大于 0.5 mm；面板的垂直偏差绝对值不应大于 0.5 mm	全数检查	观察、使用卷尺检查
	2	照明开关的安装位置、控制顺序	(1)开关安装位置便于操作，开关边缘距门框边缘的距离应为 0.15～0.2 m，开关距地面高度 1.3 m；(2)相同型号并列安装及同一室内开关安装高度一致，且控制有序不错位，并列安装的拉线开关的相邻距离不小于 20 mm；(3)暗装的开关面板应紧贴墙面，四周无缝隙，安装牢固，表面光滑整洁、无碎裂、划伤，装饰帽齐全	全数检查	观察、使用卷尺检查
	3	安装	相邻插座应布置匀称，安装应平整、牢固	全数检查	观察

12. 3. 7 普通灯具安装质量检查内容、质量要求、数量、方法见表 12.3.7 的规定。

表 12.3.7 普通灯具安装质量检查内容、质量要求、数量、方法

类别	序号	检查容	质量要求	检查数量	检查方法
主控项目	1	品种及性能	品种、规格、颜色及性能设计及产品标准的要求	同一生产厂家、同一品种、同一规格、同一批次检查一次	观察检查，检查产品合格证、进场验收记录和性能检验报告
	2	灯具的固定	(1) 照明灯具应固定牢固。 (2) 软线吊灯，灯具重量在 0.5 kg 及以下，采用软线自身吊装，大于 0.5 kg 的灯具采用吊链，且软电线编叉在吊链内，电线不受力。 (3) 灯具固定牢固可靠，不使用木楔，每个灯具固定用螺钉或螺栓不少于 2 个；当绝缘台直径在 75 mm 及以下时，采用 1 个螺钉或螺栓固定。 (4) 灯具重量大于 3 kg 时，固定在螺栓或预埋吊钩上	抽查 10%，少于 10 套全数检查	观察和利用卷尺、螺丝刀抽查
	3	钢管吊灯灯杆试验	当钢管做灯杆时，钢管内径不应小于 10 mm，钢管厚度不应小于 1.5 mm	抽查 10%，少于 10 套全数检查	观察和利用游标卡尺、螺丝刀抽查
	4	灯具的绝缘材料耐火检查	固定灯具带电部件的绝缘材料以及提供防触电保护的绝缘材料，应耐燃烧和防明火	全数检查	全数检查物资进场检验记录
	5	灯具的安装高度和使用电压等级	一般敞开式灯具，灯头对地面距离不小于下列数值（采用安全电压时除外）： (1) 室内：2 m； (2) 软吊线带升降器的灯具在吊线展开后不小于 0.8 m	抽查 10%，少于 10 套全数检查	观察和利用卷尺抽查

续表 12.3.7

类别	序号	检查内容	质量要求	检查数量	检查方法
主控项目	6	Ⅰ类灯具的金属外壳接地	Ⅰ类灯具的不带电的外露可导电部分必须用铜芯软导线与保护导体（PE）干线可靠连接，其最小允许截面面积不小于 2.5 mm^2，连接处应有标识	抽查 10%，少于 10 套全数检查	观察和利用卷尺、螺丝刀抽查
一般项目	1	引向每个灯具的电线线芯最小截面积	引向单个灯具的导线截面积应与灯具功率相匹配，绝缘导线线芯最小允许截面积不应小于 1mm^2	抽查 10%，少于 10 套全数检查	观察和利用外径千分尺、螺丝刀抽查
	2	灯具的外形，灯头及其接线检查	（1）灯具及其配件齐全，无机械损伤、变形、涂层剥落和灯罩破裂等缺陷； （2）软线吊灯的软线两端做保护扣，两端芯线搪锡，当装升降器时，套塑料软管，采用安全灯头； （3）连接灯具的软线盘扣、搪锡压线，当采用螺口灯头时，相线接于螺口灯头中间的端子上； （4）灯头的绝缘外壳不破损和漏电，带有开关的灯头，开关手柄无裸露的金属部分	抽查 10%，少于 10 套全数检查，户内观感质量全数检查	观察和利用螺丝刀、试电笔抽查，样板参照物比较
	3	装有白炽灯泡的吸顶灯具隔热检查	灯具表面及其附件的高温部位靠近可燃物时，应采取隔热、散热等防火保护措施	抽查 10%，少于 10 套全数检查	观察和利用游标卡尺、螺丝刀抽查

12.3.8 照明通电试运行应符合下列规定：

1 全部安装工程完成且线路的敷设和接线检验确认无误，线路和电气器具绝缘电阻测试合格后方可通电试运行。

2 建筑照明通电试运行质量检查内容、质量要求、数量、方法应符合表12.3.8的规定。

表12.3.8 建筑照明通电试运行质量检查内容、质量要求、数量、方法

类别	序号	检查内容	质量要求	检查数量	检查方法
主控项目	1	品种及性能	品种、规格、颜色及性能设计及产品标准的要求	同一生产厂家、同一品种、同一规格、同一批次检查一次	观察检查；检查产品合格证、进场验收记录和性能检验报告
	2	灯具回路控制与照明箱及回路的标识一致，开关与灯具控制顺序相对应	每一盏灯具与开关控制面板对应关系及与家居配电箱内自动空开对应关系一一检查。照明系统通电，灯具回路控制应与照明箱及回路的标识一致；开关与灯具控制顺序相对应，风扇的转向及调速开关应正常	全数检查	通过送电观察和使用试电笔检查
	3	照明系统全负荷通电连续试运行无故障	民用住宅照明系统通电连续试运行时间应8 h。所有照明灯具均应开启，通电试运行时应检查、测试开关、插座的接线、接地应正确，断路器、开关通断准确可靠，触头接触良好，漏电保护装置漏电动作准确可靠，系统运行正常，灯具及光源的质量符合要求，且每2 h记录运行状态一次，连续试运行时间内无故障	全数检查	对每户进行通电检查并记录

13 供暖、通风及空调工程

13.1 一般规定

13.1.1 本章适用于装修工程的供暖、通风及空调工程的施工与质量控制。

13.1.2 四川严寒及寒冷地区的成品住宅装修，应设置供暖设施。

13.1.3 集中供暖或空调系统，必须设置住户分室（户）温度调节，控制装置。

13.1.4 供暖、通风及空调工程安装后应进行系统调试。

13.2 施工要点

13.2.1 供暖散热器安装应符合以下要求：

1 安装的位置应符合设计要求。

2 安装前应先弹出散热器的位置线和标高线，支架、托架的安装位置应准确，埋设牢固。散热器支架、托架的数量应符合设计要求。

3 连接散热器管道的走向、坡度及固定方法应符合设计要求。

4 散热器安装完毕后，如需包装管路，有阀门部位必须留有检修孔。

5 散热器背面与装饰后的墙内表面安装距离，应符合设计或产品说明书要求，如设计未注明，应为30 mm。

6 散热器组对后，以及整组出厂的散热器在安装之前应作水压试验。试验压力如设计无要求时应为工作压力的1.5倍，但不小于0.6 MPa。

13.2.2 辐射供暖应符合以下要求：

1 绝热层的施工应符合设计和相关规范要求。

2 地面下敷设的盘管，埋地部分不应有接头。

3 低温热水辐射供暖系统设备及管材的选择应能保证良好水质，防止结垢、堵塞，并应有防冻结、防热变形破坏及防腐措施。

4 发热电缆的接地线必须与电源的地线连接。

5 电供暖系统的加热元件及其表面工作温度，应符合国家现行有关产品标准规定的安全要求。

6 电供暖系统的绝热层、龙骨、保护层等配件的选用及系统的使用环境，应满足建筑防火要求。

7 盘管隐蔽前必须进行水压试验，试验压力为工作压力的1.5倍，但不小于0.6 MPa。

13.2.3 空调工程的施工应符合以下要求：

1 空调工程室内外机的选型、安装位置及固定方式应符合设计要求。

2 漏电保护器、电源线、控制信号线应按照安装说明书进行安装。

3 空调机组的配管和配线应连接正确、牢固、走向与弯曲度合理，分体式机组的安装高度差、连接管长度、制冷剂补充等应符合产品要求。

4 内机安装应水平，防止出水口高引起水倒流现象，外机安装应四个脚或基础地面水平，防止因支架或基础不平，引起室外机变形而产生运行噪声。

5 外墙穿墙孔内高外低，连接管穿墙时应防止杂质进入连接管，防止连接管扭曲、变形、折死角。

6　安装空调时不应更改电源线及其接线端子，安装后应将电气部件盖板固定良好。

7　管、线通过建筑物墙壁时应由穿墙管保护并施以防漏雨、防水和防漏电措施。管路连接时不应带入水分、空气和尘土等杂物，并将连接管中空气排出后紧固，确保管路干燥、清洁、密封良好。

8　合理的安装、布置空调机组排水弯头和排水管，使空调机组不滴水，其冷凝水排除应通畅且排水对建筑物不造成危害。

13.2.4　通风设备及配件的选型、安装位置及固定方式应符合设计要求。

13.2.5　管道安装坡度，当设计未注明时，应符合下列规定：

1　气、水同向流动的热水供暖管道和汽、水同向流动的蒸汽管道及凝结水管道，坡度应为3‰，不得小于2‰。

2　气、水逆向流动的热水供暖管道和汽、水逆向流动的蒸汽管道，坡度不应小于5‰。

3　散热器支管的坡度应为1%，坡向应利于排气和泄水。

13.3　质量要求

13.3.1　主要材料应进行入场复检，复检项目应符合本标准附录B及国家相关标准的规定。

13.3.2　供暖散热器的检查内容、质量要求、数量、方法应符合表13.3.2的要求的规定。

表 13.3.2　供暖散热器的检查内容、质量要求、数量、方法

<table>
<tr><th>类别</th><th>序号</th><th>检查内容</th><th colspan="2">质量要求</th><th>检查数量</th><th>检查方法</th></tr>
<tr><td rowspan="3">主控项目</td><td>1</td><td>品种及性能</td><td colspan="2">品种、规格、颜色及性能设计及产品标准的要求</td><td>同一生产厂家、同一品种、同一规格、同一批次检查一次</td><td>观察检查，检查产品合格证、进场验收记录和性能检验报告</td></tr>
<tr><td>2</td><td>安装</td><td colspan="2">散热器应位置准确，固定牢固，配件齐全，不渗漏水</td><td>全数检查</td><td>观察</td></tr>
<tr><td>3</td><td>散热器质量</td><td colspan="2">散热器组对后，以及整组出厂的散热器在安装之前应作水压试验。试验压力如设计无要求时应为工作压力的 1.5 倍，但不小于 0.6 MPa</td><td>全数检查</td><td>试验时间为 2 min ~ 3 min，压力不降且不渗不漏</td></tr>
<tr><td rowspan="5">一般项目</td><td>1</td><td>外观</td><td colspan="2">散热器表面的防腐及面漆应附着良好，色泽均匀无脱落、起泡、流淌和漏涂缺陷</td><td>每检验批抽查 10%，少于 10 套全数检查</td><td>观察</td></tr>
<tr><td rowspan="4">2</td><td rowspan="4">尺寸</td><td>项目</td><td>允许偏差（mm）</td><td rowspan="4">每检验批抽查 10%，少于 10 套全数检查</td><td rowspan="4">吊线和尺量</td></tr>
<tr><td>散热器背面与墙内表面距离</td><td>3</td></tr>
<tr><td>与窗中心线或设计定位尺寸</td><td>20</td></tr>
<tr><td>散热器垂直度</td><td>3</td></tr>
</table>

13.3.3 辐射供暖安装的检查内容、质量要求、数量、方法应符合表 13.3.3 的规定。

表 13.3.3 辐射供暖安装的检查内容、质量要求、数量、方法

类别	序号	检查内容	质量要求	检查数量	检查方法
主控项目	1	品种及性能	品种、规格、颜色及性能设计及产品标准的要求	同一生产厂家、同一品种、同一规格、同一批次检查一次	观察检查，检查产品合格证、进场验收记录和性能检验报告
	2	管道安装	低温热水系统的管道及接口不得有渗漏	全数检查	试水观察
	3	绝缘电阻	电供暖辐射系统接地保护应可靠，每一路导线间和导线对地间的绝缘电阻值应大于 0.5 MΩ	全数检查	绝缘电阻仪
	4	水压试验	隐蔽前对盘管进行水压试验，试验压力如设计无要求时应为工作压力的 1.5 倍，但不小于 0.6 MPa	全数检查	稳压 1 h 内压力降不大于 0.05 MPa 且不渗不漏
一般项目	1	绝热层铺设	绝热层的铺设应平整，相互间的结合应严密	每检验批抽查 10%，少于 10 套全数检查	观察
	2	弯折	加热盘管弯曲部分不得出现硬折弯现象，曲率半径应符合下列规定：塑料管不应小于管道外径的 8 倍；复合管不应小于管道外径的 5 倍	每检验批抽查 10%，少于 10 套全数检查	观察

13.3.4 空调和通风工程的质量检查内容、质量要求、数量、方法应符合表13.3.4的规定。

表13.3.4 空调和通风工程的质量检查内容、质量要求、数量、方法

类别	序号	检查内容	质量要求	检查数量	检查方法
主控项目	1	品种及性能	品种、规格、颜色及性能设计及产品标准的要求	同一生产厂家、同一品种、同一规格、同一批次检查一次	观察检查；检查产品合格证、进场验收记录和性能检验报告
	2	管道安装	空调室内机排水管连接紧密，无渗漏，无倒坡，无堵塞	全数检查	试水观察
	3	绝缘电阻	空调机组与房间内电气布线应可靠地连接，接地端子或接地触点与可触及空调机组金属外壳应是低电阻的（$<0.1\ \Omega$），接地装置的接地电阻一般应小于$4\ \Omega$	全数检查	绝缘电阻仪
	4	制冷	内机不漏水、制冷正常	全数检查	通电观察
一般项目	1	安装	空调室内外机及附件安装位置正确、固定牢固，排列整齐	全数检查	观察
	2	弯折	加热盘管弯曲部分不得出现硬折弯现象，曲率半径应符合下列规定：塑料管不应小于管道外径的8倍；复合管不应小于管道外径的5倍	每检验批抽查10%，少于10套全数检查	观察
	3	风管安装	风口与风管的连接应严密、牢固，风口与装饰面紧贴，表面平整，不变形，叶片调节灵活、可靠。风管应连接应紧密	每检验批抽查10%，少于10套全数检查	观察

14 智能化工程

14.1 一般规定

14.1.1 本章适用于住房装修从家居配线箱开始的有线电视系统、电话系统、信息网络系统和智能家居系统等智能化工程。

14.1.2 通信配套宜采用光纤入户（FTTH）建设方案，其设计、施工、验收应满足《四川省住宅建筑通信配套光纤入户工程技术规范》DBJ 51/004—2012的要求。

14.1.3 火灾自动报警及消防联动系统的检测应按《火灾自动报警系统施工及验收规范》GB 50166的规定执行。

14.2 施工要点

14.2.1 有线电视、电话、信息网络等管线布置及插座面板的位置应符合设计要求。

14.2.2 家居配线箱到各终端点位的线缆应采用放射式布线布置到位，中间不得有接头。

14.2.3 有线电视、电话、信息网络等传输导线与家居配线箱的接线端子和插座面板的接线端子应采用专用工具进行连接。

14.2.4 智能家居控制主机及控制装置布线、安装应符合设计及产品说明书的要求。

14.2.5 布线和插座安装要求：

1 双绞线与8位模块式通用插座（RJ45）相接时，必须按色标和线对顺序进行卡接。端接时插座类型、色标和编号应符合T568B端接线序标准的规定。

2　网络缆线与连接器件应使用同一端接线序标准的产品，即严禁将T568B与T568A标准的产品混用。

3　1条4对双绞电缆应全部固定终接在1个信息插座上。

4　信息点应采用8位模块通用插座（RJ45）。

5　网络缆线宜用管槽敷设。管内穿放4对对绞电缆时的截面利用率应为25%～30%，在线槽内的截面利用率应为30%～50%。

6　网络缆线敷设的弯曲半径,4对非屏蔽电缆应不小于电缆外径的4倍，4对屏蔽电缆应不小于电缆外径的8倍。

7　底盒数量应以插座盒面板设置的开口数确定，每一个底盒支持安装的信息点数量不宜大于2个。

8　安装在墙面上的信息插座的数量和高度应符合表3.3.3的要求。

9　家居布线缆线及管线与其他管线的间距应符合表14.2.5的规定。

表 14.2.5　缆线及管线与其他管线的最小间距

其他管线名称	最小平行净距（mm）	最小交叉净距（mm）
避雷引下线	1 000	300
保护地线	50	20
给水管	150	20

14.2.6　消防设施的设置情况及工程检测应包括：

1　火灾报警系统；

2　可燃气体泄漏报警及联动控制系统。

14.3　质量要求

14.3.1　主要材料应进行入场复检，复检项目应符合本标准附录 B 及国家相关标准的规定。

14.3.2 有线电视、电话、信息网络等管线布置及插座面板的位置准确，信息插座安装质量检查内容、质量要求、数量、方法应符合表 14.3.2 的规定。

表 14.3.2 信息插座安装质量检查内容、质量要求、数量、方法

类别	序号	检查内容	质量要求	检查数量	检查方法
主控项目	1	品种及性能	品种、规格、颜色及性能设计及产品标准的要求	同一生产厂家、同一品种、同一规格、同一批次检查一次	观察检查；检查产品合格证、进场验收记录和性能检验报告
	2	信息插座的房间配置	本标准表 3.3.3	每检验批抽查 10%且不少于 10 套	观察
	3	信息插座面板安装和外观检查	(1)信息插座安装的高度。安装在墙面上的信息插座底盒的底部离地面的高度宜为 300 mm 或符合设计要求。 (2)外观检查。暗装的信息插座面板紧贴墙面，四周无缝隙，安装螺丝必须拧紧，面板不松动、无碎裂和划伤。 (3)信息插座面板应有标识，以颜色、图形、文字等方式表示所接终端设备的业务类型	每检验批抽查 10%且不少于 10 套，观感质量全数检查	观察，交付样板房比较
一般项目	1	信息插座底盒	(1)每一个 2 口 86 面板底盒宜终接 2 条对绞电缆，不宜兼做过路盒使用。 (2)信息插座底盒同时安装信息插座模块和电源插座时，间距及采取的防护措施应符合设计要求	每检验批抽查 10%，少于 10 套全数检查	观察

14.3.3 有线电视、电话、信息网络等传输导线信号畅通，家居配线箱安装及缆线交接质量检查内容、质量要求、数量、方法见表14.3.3的规定。

表 14.3.3 家居配线箱安装及缆线交接质量检查内容、质量要求、数量、方法

类别	序号	检查内容	质量要求	检查数量	检查方法
主控项目	1	品种及性能	品种、规格、颜色及性能设计及产品标准的要求	同一生产厂家、同一品种、同一规格、同一批次检查一次	观察检查，检查产品合格证、进场验收记录和性能检验报告
主控项目	2	家居配线箱的模块配置与缆线交接	（1）家居配线箱中宜配置各类ONU及各种信息扩展模块，并根据设计要求配置有线电视等模块。 （2）确认户内与户外相关缆线已实现交接，耳听电话通话质量、眼观有线电视图像质量、专用仪器检查以太网等缆线能否有效传输信号	全数检查	观察，检查测试记录
一般项目	1	家居配线箱安装位置	应在入户门附近墙上适当位置安装家居配线箱	每检验批抽查10%且不少于10套	观察

14.3.4 智能家居控制系统检查内容、质量要求、数量、方法应符合表14.3.4的规定。

表 14.3.4　智能家居控制系统的质量检查内容、质量要求、数量、方法

类别	序号	检查内容	质量要求	检查数量	检查方法
主控项目	1	品种及性能	品种、规格、颜色及性能设计及产品标准的要求	同一生产厂家、同一品种、同一规格、同一批次检查一次	观察检查；检查产品合格证、进场验收记录和性能检验报告
一般项目	1	智能家居控制系统性能	（1）灯光控制系统：墙控面板应具备全开、全关、场景控制等功能，各路灯分别对应的面板开关应标识清晰。 （2）总控系统：总控面板宜包括“墙控面板”“移动终端面板”，如 PAD 等多种控制方式，避免单一控制方式造成的用户使用困难。 （3）其他系统：如家庭安防、背景音乐、家庭影院等设备，可按各自标准执行。 （4）采用无线通信系统的智能家居，应对全户型各个角落的无线通信效果进行测试和评估，确保系统的正常运行	全数检查	观察并按照厂商说明书进行测试
	2	智能家居控制系统安装位置	智能家居控制面板，如灯光窗帘等控制面板。安装距地面高度应为 1.4 m ~ 1.6 m，同一墙面如果安装有可视对讲系统的，智能家居控制面板底线应与可视对讲底线持平	每检验批抽查 10%且不少于10套	观察，尺量

14. 3. 5 访客对讲系统及紧急呼叫按钮安装质量检查内容、质量要求、数量、方法见表 14.3.5 的规定。

表 14.3.5 访客对讲系统及紧急呼叫按钮安装质量检查内容、质量要求、数量、方法

类别	序号	检查内容	质量要求	检查数量	检查方法
主控项目	1	品种及性能	品种、规格、颜色及性能设计及产品标准的要求	同一生产厂家、同一品种、同一规格、同一批次检查一次	观察检查，检查产品合格证、进场验收记录和性能检验报告
	2	访客对讲系统系统功能及性能	（1）室内机的开锁机构应灵活、有效，关门噪声应符合 设计要求。 （2）应实现双向通话，声音清晰，无明显噪声。 （3）可视对讲系统的图像应清晰、稳定，图像质量应符合设计要求。 （4）当住宅小区设有火灾自动报警系统时，应与火灾自动报警系统互联。发生火警时，单元防盗门锁应能自动打开	全部的门口机、室内分机和管理机全数检查	观察，检测测试记录
	3	紧急呼叫按钮	按下紧急呼叫按钮，检查物服中心是否接收到报警信号及报警房间号	全数检查	观察
一般项目	1	访客对讲系统系统安装	（1）门口机可安装在单元防护门上或墙体主机预埋盒内，门口机操作面板的安装高度离地不宜高于 1.5m，操作面板应面向访客，便于操作。 （2）室内分机安装位置宜选择在住户室内的内墙上，安装应牢固，其高度离地 1.4 ~ 1.6 m。 （3）调整可视对讲门口机内置摄像机的方位和视角于最佳位置，对不具备逆光补偿的摄像机，宜做环境亮度处理。 （4）联网型（可视）对讲系统的管理机宜安装在监控中心内，或小区出入口的值班室内，安装应牢固、稳定	全数检查	观察、尺量检查

14.3.6 火灾自动报警及消防联动系统的验收应按《火灾自动报警系统施工及验收规范》GB 50166 的规定执行。

14.3.7 家居缆线敷设和终接质量检查内容、质量要求、数量、方法见表 14.3.7 的规定。

表 14.3.7 家居缆线敷设和终接质量检查内容、质量要求、数量、方法

<table>
<tr><th>类别</th><th>序号</th><th>检查内容</th><th>质量要求</th><th>检查数量</th><th>检查方法</th></tr>
<tr><td rowspan="2">主控项目</td><td>1</td><td>品种及性能</td><td>品种、规格、颜色及性能设计及产品标准的要求</td><td>同一生产厂家、同一品种、同一规格、同一批次检查一次</td><td>观察检查，检查产品合格证、进场验收记录和性能检验报告</td></tr>
<tr><td>2</td><td>综合布线电气性能</td><td>（1）接线图测试。正确的线对组合为：1/2，3/6，4/5，7/8。
（2）长度测试。按照基本链路和信道进行测试，基本链路测试连接应符合 GB/T 50312—2007《综合布线系统工程验收规范》B.0.1-2 的规定；信道测试连接应符合 GB/T 50312—2007《综合布线系统工程验收规范》图 B.0.1-3 的规定。
（3）衰减和近端串音测试。测试时的信号频率与性能指标应符合 GB/T 50312—2007《综合布线系统工程验收规范》表 B.0.3-2 的规定</td><td>全数检查</td><td>使用对绞电缆系统现场测试仪进行现场测试</td></tr>
<tr><td>一般项目</td><td>1</td><td>缆线及管线与其他管线的最小间距</td><td>家居布线缆线及管线与其他管线的间距应符合 GB 50312 表 5.1.1-3 的规定</td><td>每检验批抽查 10% 且不少于 10 套</td><td>观察、尺量检查</td></tr>
</table>

15 监　理

15.1 一般规定

15.1.1 成品住宅装修工程应实行工程监理,监理单位应具有相应资质，监理人员应具有相应资格。工程监理单位应当依照法律、法规及有关技术标准、设计文件和监理合同，采用旁站、巡视和平行检验等方式对成品住宅装修工程实施监理。

15.1.2 成品住宅装修工程项目监理单位由工程项目建设单位委托，其组织形式、专业人员配备应与委托监理合同规定的服务内容、工程特点、规模相适应。

15.1.3 项目监理机构应参加由建设单位主持的装修工程图纸会审和设计交底。审查施工单位现场的质量安全管理组织机构、管理制度及专职管理人员和特种作业人员的资格；审查施工单位报审的施工组织设计和专项施工方案。

15.1.4 项目监理单位应建立健全质量安全管理体系，编制监理规划及专项监理实施细则。项目监理单位应对成品住宅装修的材料及部品、检验批、分项、分部、分户等进行检查验收。

15.1.5 监理实施细则的编制应符合下列规定：

1 监理实施细则编制前总监理工程师应组织监理人员审查施工组织设计方案、熟悉设计、合同等文件并提出书面意见或建议。

2 采用新材料、新工艺、新技术、新设备的工程，以及专业性较强、危险性较大的分部分项工程，应编制监理实施细则。

3 监理实施细则应在装修工程施工开始前由专业监理工

程师编制完成，并应报总监理工程师的审批。

4 在监理工作实施过程中，监理细则应及时根据实际情况进行补充、修改和完善。

15.1.6 成品住宅装修工程施工前，监理工程师应组织协调各施工单位进行施工界面划分，明确装修施工条件，组织土建、安装单位与装修施工单位办理中间验收和书面交接手续，完毕后方可进行装修施工。

15.1.7 当项目监理单位承担工程质量保修阶段的服务工作时，应定期进行质量回访。

15.2 质量控制

15.2.1 成品住宅全面展开装修施工前，监理单位应对交付样板房使用的装修材料进行检查，符合要求后予以签认。

15.2.2 全面展开装修施工过程中，监理单位应加强对进场材料检查：

1 监理应按设计要求、合同约定及交付样板房标准，对进场材料的品种、规格、外观和尺寸进行验收，检查产品合格证明、中文说明书及相关性能的检测报告。

2 当国家现行规定或合同约定对材料进行见证检测，或对材料质量发生争议时，应进行见证检测。

3 审查承担工程建筑装修材料检测单位的资质。

4 对验收不合格的工程材料、设备，禁止在装饰工程中使用和安装。

15.2.3 监理工程师应要求施工单位报送防水、电气线路、给排水及监理要求的其他重点部位、关键工序的质量保障具体措施，审核同意后予以签认。

15.2.4 专业监理工程师应审查施工单位报送的新材料、新工艺、新技术、新设备的质量认证材料和相关验收标准的适应性，必要时，应要求施工单位组织专题论证。

15.2.5 对未经监理工程师验收或验收不合格的工序，监理工程师应拒绝签认并要求严禁施工单位进行下一道工序的施工。

15.2.6 对施工过程中出现的质量缺陷，专业监理工程师应及时下达监理工程师通知单，要求施工单位整改，并复查整改结果。

15.2.7 在施工过程中，监理应加强检查以下内容：

1 当采用特细砂配制抹灰砂浆时，砂的质量抽检和复验必须严格按照规定执行。

2 在墙面铺装施工前，应编制施工方案（含方法），经监理审查后实施。监理工程师应按监理实施细则对施工质量进行控制，对较大块材的挂网、固定和灌浆方法和拼装排版进行重点监控。

3 对嵌入墙体的暗敷管道宜作预埋。对预埋确有困难的管道需剔槽埋设的，其剔槽的位置、深度、固定方式等重要施工方法，必要时应征得原土建设计单位同意。

15.2.8 旁站监理

1 监理项目部应当在《监理细则》中明确旁站的范围、内容、程序和旁站监理人员职责，并在监理交底时与业主、承包商交换意见，进行补充、修改。

2 监理工程师应对防水工程、交付样板房等关键部位实行旁站监理。

15.2.9 监理工程师应审查室内空气污染物浓度检测报告。

15.3 安全及文明施工的监理工作

15.3.1 监理工程师应履行成品住宅装修工程安全生产及文明施工的监理职责。

15.3.2 监理工程师应审查施工单位报送的《施工组织设计》中的装修安全措施（方案），包括以下内容：

1 安全技术措施及安全生产强制条文。

2 现场临设、水电等专项安全施工方案。

3 提升起重设备、机具、电气和安全设施的配置方案。

4 现场动火、消防管理制度及现场文明施工管理措施。

5 应急救援预案。

15.3.3 工程监理单位在实施监理过程中，发现存在安全事故隐患的，应当要求施工单位整改；情况严重的，应当要求施工单位暂停施工，并及时报告建设单位。

16 质量验收

16.1 一般规定

16.1.1 成品住宅的质量验收，应符合《建筑工程施工质量验收统一标准》GB 50300和国家现行有关标准的要求。

16.1.2 成品住宅工程应进行质量分户验收，以检查工程的观感质量和使用功能质量为主。

16.1.3 成品住宅装修工程的检验批、分项工程、分部（子分部）工程、分户验收的程序和组织应遵守并符合下列规定：

1 检验批和分项工程应由监理工程师（建设单位项目技术负责人）组织施工单位项目专业质量（技术）负责人等进行验收。

2 分部（子分部）工程验收应由总监理工程师（建设单位项目负责人）组织施工单位项目负责人和技术、质量负责人等进行验收；设计单位工程项目负责人和施工单位技术、质量部门负责人也应参加分部工程验收。

3 分户验收应由建设单位项目（技术）负责人总监理工程师及专业监理工程师、施工单位（含装修工程）的项目经理、专业技术（质量）负责人等进行验收。设计单位、物业公司等可依照合同约定参加。

16.2 交付样板房验收

16.2.1 交付样板房的装修应符合以下规定：

1 成品住宅每种户型宜各做一套样板房。

2　样板房宜选择较低层（商铺或架空层除外）。

3　在样板房施工时应及时讨论分析装修过程中遇到的质量问题，样板房验收合格后，方可全面展开装修施工。

4　样板房制作时应将样板房对应的上层结构施工完成，并采取防护措施，避免样板房受到水浸等破坏。

16.2.2　交付样板房的验收步骤为：

1　样板房验收由建设单位组织设计、监理、施工等单位进行。

2　施工单位按照审查通过的施工图设计文件、验收标准及合同约定完成样板房施工后，施工单位先进行自检，自检合格后，报建设、设计、监理单位检查验收。

3　交付样板房验收应该填写《成品住宅装修工程主要材料、部品、设备表》（附录C）及验收记录表（本标准附录F表F.0.1～F.0.4）。

16.2.3　交付样板房应进行室内环境检测，检测结果达到国家有关标准要求后，才能全面展开装修施工。

16.3　交接验收

16.3.1　装修施工前的交接验收应符合以下条件：

1　屋面、外墙面（含外门窗等）应全面完成。

2　内墙面和无吊顶的天棚抹灰已完成。

3　楼地面的找平层及防水地面的防水层施工完成。

4　给水管进户，暗埋的给水和排水管道敷设完成。

5　套内家居配电箱、家居配线箱等安装就位，暗埋的线管敷设完成。

16.3.2　装修施工前应重点从以下方面进行交接验收：

1　基层（墙面、地面、天棚）质量。

2　外门窗（含分户门）质量。

3　阳台栏杆质量。

4　有防水要求部位的蓄水、泼水试验；外窗淋水试验。

5　室内空间尺寸测量。

6　排水管道通水、灌水试验和已完成部分的给水管道强度、严密性试验。

7　建筑电气与智能化工程已完成部分的质量。

8　烟道设施及附件质量。

16.3.3　交接验收应按以下程序进行：

1　交接验收应由建设单位项目负责人组织总监理工程师、总承包单位项目经理、装修施工单位项目经理等参加交接验收，并按本标准附录E的要求填写交接验收移交表。

2　交接验收中发现质量问题应提出整改方案进行整改，符合质量要求后及时进行交接。

16.4　分项、分部、分户验收

16.4.1　成品住宅装修工程的分部工程、子部分工程及其分项工程应按本标准表3.4.4划分。

16.4.2　成品住宅装修工程的检验批合格质量应符合下列规定：

1　各检查项目按主控项目和一般项目验收。

2　主控项目应全部合格。

3　一般项目应合格；当采用计数检验时，至少应有80%以上的检查点合格，且其余检查点不得有严重缺陷，其最大偏差不得超过本标准规定允许偏差的1.5倍。

4　应具有完整的施工操作依据和质量检查记录。

16.4.3　成品住宅装修工程的分项工程质量合格应符合下列规定：

1 分项工程所含的检验批均应合格。

2 分项工程所含检验批的质量验收记录应完整。

16.4.4 成品住宅装修工程的分部（子分部）工程质量合格应符合下列规定：

1 分项工程应全部合格。

2 质量控制资料应完整。

16.4.5 成品住宅装修工程的分户验收质量合格应符合下列规定：

1 分户验收所含分部、分项工程的质量均验收合格。

2 质量控制资料应完整。

3 重要使用功能的检验应符合要求。

16.4.6 成品住宅装修工程的验收记录应符合下列规定：

1 检验批质量验收按本标准附录F表F.0.1记录表填写。

2 分项质量验收按本标准附录F表F.0.2记录表填写。

3 分部质量验收按本标准附录F表F.0.3记录表填写。

4 分户质量验收按本标准附录F表F.0.4记录表填写。

附录A　成品住宅装修设计文件的编制深度

A.1　方案设计

A.1.1　方案设计阶段，装修设计文件应包括如下内容：

1　设计说明书。

2　设计图纸。

3　各主要空间的透视图。

4　主要装修材料样板。

A.1.2　设计说明书

1　设计依据及设计要求：

1）有关部门的项目批文；

2）建筑设计文件；

3）建设单位签发的设计委托书及使用要求；

4）可作为设计依据的其他有关文件。

2　方案设计所依据的技术准则，如建筑类别、耐火等级、装修标准等。

3　设计构思和方案特点。包括功能分区、交通流线、防火与安全、通风采光、室内空间处理、建筑装修材料的选用等。

4　关于节能和室内装修用材的环保措施方面的必要说明。

5　关于建筑材料、部品和配置等方面的分析说明。

6　装修材料及装修设备材料表。

A.1.3　设计图纸应有如下内容：

1　套型平面布置图：

1）各平面的比例和轴线尺寸或开间、进深尺寸（标明原有建筑条件图，装修设计保留的以及新发生的柱网和承重墙、主要轴线和编号。轴线编号应保持与原有建筑条件图一致，并注明轴线间尺寸及总尺寸，可加用比例尺辅助表示）；

2）各使用空间的名称和室内布置；

3）出入口位置；

4）结构受力体系中承重墙、剪力墙、柱等位置关系；

5）注明地面的标高关系；

6）室内立面图位置及编号；

7）装修材料、材料的拼接线和分界线等应表示清楚；

8）楼地面装修图包括各使用空间的名称和地坪布置并注明地坪的材料名称及标高关系。

2 剖立面展开图注明墙面的材料名称及高度尺寸、标高及留洞位置。

3 套型天棚布置图

1）各天棚的轴线尺寸或开间、进深尺寸（应与平面图一致，标明柱网和承重墙、主要轴线和编号、轴线间尺寸和总尺寸，标明装修设计调整过后的平面图必要部位的名称，并标注主要尺寸，可加用比例尺辅助表示）；

2）各使用空间的名称和天棚布置；

3）注明天棚的材料名称及标高关系，标明主要装修材料、材料的拼接线和分界线。

A.1.4 投资估算

1 方案设计阶段，投资估算文件包括投资估算的编制说明、投资估算表及主要材料用表和面积一览表。

2 投资估算编制说明应包括如下内容：

1）编制依据；

2）不包括的项目和费用；

3）其他必要说明的问题。

3 投资估算表

编制内容可参照国家和本市有关装修工程概预算文件。

4 主要材料表

注明主要材料参考品牌、材质、规格及人工消耗量、人工费。

A.2 施工图设计

A.2.1 施工图设计文件的深度应满足下列要求：

1 能据以编制施工图预算及施工招标之用。

2 能据以安排材料、设备订货和非标准设备的制作。

3 能据以进行施工和安装。

4 能据以进行工程预、决算和工程验收。并在工程验收时作为竣工图的基础性文件之用（竣工图一般由施工单位完成）。

5 建筑装修设计的施工图设计文件应根据已获批准的方案设计进行编制，施工图设计说明应写明装修设计在结构和设备等技术方面对原有建筑进行改动的情况。

A.2.2 图纸目录

应先列新绘制图纸，后列选用的标准图或重复利用图。

A.2.3 设计说明

1 本装修施工图设计的依据。

2 根据装修方案设计，说明本装修工程的概况，其内容应包括建筑名称、建设地点、建设单位、建筑等级、装修部位及面积等。

3 装修材料、部品及设备清单，除用文字说明外，用表格形式表达。应包括：名称、品牌、品种、规格（型号）、应用部位等基本内容。

4 特殊要求的做法说明（如防水、防腐、防火等）。

5 对采取新技术、新材料的做法说明，及必要的构造说明。

6 图纸目录中所列的图纸名称应尽可能准确表达图纸所反映的内容、部位等信息。

A.2.4 平面图中应标明

1 承重和非承重墙、剪力墙、柱，轴线和轴线编号、内门窗位置和编号、门的开启方向，标注各使用空间名称或编号（标明原有建筑条件图，装修设计保留的以及新发生的柱网和承重墙、主要轴线和编号。轴线编号应保持与原有建筑条件图一致，并注明轴线间尺寸及总尺寸；在图纸中可以对一些情况作出文字说明）。

2 柱距（开间）、跨度（进深）尺寸、墙身厚度。

3 轴线间尺寸、门窗洞口尺寸、分段尺寸。

4 新增隔墙、隔断的位置及尺寸。

5 装修材料、材料的拼接线和分界线等应表示清楚。

6 室内楼梯位置和楼梯上下方向示意及主要尺寸。

7 固定装修设施及预留设施的定位尺寸，室内家具布置。

8 管线竖井、通风井道等位置及尺寸。

9 室内地面标高，主要平台的标高。

10 剖切线及编号和详图索引号。

11 室内立面图内视符号，标明视点位置、方向及立面编号。

12 指北针（画在每套平面图上）。

13 各套型标准层可共用一平面，但须注明层次范围及标高。

A. 2. 5 天棚布置图中应标明

1 标注各使用空间名称或编号。

2 应标明包括天花造型、天花装修、灯具布置、消防设施及其他设备布置等内容注明定位尺寸、材料和做法。柱距（开间）、跨度（进深）尺寸、墙身厚度应与平面图一致，标明柱网和承重墙、主要轴线和编号、轴线间尺寸和总尺寸，标明装修设计调整过后的平面图必要部位的名称，并标注主要尺寸。

3 隔墙、隔断的位置。

4 给排水、电气、供暖通风空调、动力设备及管线综合设置情况。

5 设备名称（或用图例表示），相关尺寸及标高。

6 天棚的材料名称，相关尺寸及标高，材料的拼接线和分界线。

A. 2. 6 地坪布置图中应标明

1 承重和非承重墙、剪力墙、柱，轴线和轴线编号、内门窗位置、门的开启方向，标注各使用空间名称或编号。

2 柱距（开间）、跨度（进深）尺寸、墙身厚度。

3 新增隔墙、隔断的位置。

4 室内楼梯位置和楼梯上下方向示意。

5 地坪的材料名称及规格，拼花尺寸及地坪标高关系。

A. 2. 7 剖立面图

1 各个立面均应绘制齐全，如十分简单可以推定的立面可省略。

2 标明墙面的材料名称及规格，相关尺寸，标高和留洞位置。

3 标明各部位构造、装修节点详图索引。

4 标明各可见设备内容、相关尺寸和标高。

5 绘制墙面和柱面、装修造型、固定隔断、固定家具、装修配置和部品、门窗、栏杆、台阶等的位置，标注定位尺寸及其他相关所有尺寸。如有特别需要，应标注定位尺寸和一些相关尺寸，标注立面和天花剖切部位的装修材料、材料分块尺寸、材料拼接线和分界线定位尺寸等。

A. 2. 8 局部大样图

局部大样图是将平面图、天花平面图、立面图和剖面图中某些需要更加清楚说明的部位，单独抽取出来进行大比例绘制的图纸，应能反映更详细的内容。

A. 2. 9 节点详图

节点详图应以大比例绘制，剖切在需要详细说明的部位，通常应包括以下内容：

1 表示节点处内部的结构形式，面层装修材料、隐蔽装修材料、支撑和连接材料及构件、配件以及它们之间的相互关系，标注所有材料、构件、配件等的详细尺寸、产品型号、做法和施工要求；

2 表示面层装修材料之间的连接方式、连接材料、连接构件等，标注面层装修材料的收口、封边以及详细尺寸和做法；

3 标注面层装修材料，详细尺寸和做法；

4 表示装修面上的设备和设施安装方式及固定方法，确定收口和收边方式，标注详细尺寸和做法；

5 标注索引符和编号、节点名称和制图比例；

6 建筑装修（材料）做法表。

A. 2. 10 加工图

一些必须在工厂预制作的橱柜、门扇、隔断玻璃等部品，须绘出放大比例的加工图，标明用材要求和细部尺寸，家具（订货和制作明细表）详图。

A. 2. 11 预算

1 编制依据

1）国家或本市有关装修工程建设的法律、法规和方针政策；

2）施工图设计项目一览表，装修施工图设计和文字说明；

3）主管部门颁布的现行建筑装修工程和安装工程预算定额、费用定额和有关费用规定等文件。

2 编制方法

根据施工图设计、预算定额规定的项目划分及工程量计算规则，并按规定的价格、取费标准等进行编制。

3 综合预算书

综合预算书包括综合预算表、装修单位工程预算表，并应注明人工数及人工费、主要参考材料的品牌、材质和规格。

附录B　成品住宅装修主要材料复检项目表

表B　成品住宅装修主要材料复检项目表

序号	材料名称		复检参数
1	腻子		粘结强度
2	粘贴用水泥		安定性、凝结时间、抗压强度
3	木材	人造木板、饰面人造板及其制品	甲醛释放量
		木（门、地板）	木材含水率、甲醛释放量（实木地板除外）
4	建筑卫生陶瓷、石膏板、吊顶材料、无机瓷质砖粘结材料		放射性
5	纸面石膏板		吸水率、放射性
6	石材	陶瓷砖、花岗岩板材、人造石	放射性
		大理石板材	弯曲强度、放射性
7	安装材料	PP-R给水管材	静液压试验
		电线	截面积、导体电阻、阻燃
		电工套管	阻燃
8	防水材料	水泥基渗透结晶型防水涂料	氯离子含量、湿基面粘结强度、砂浆抗渗性能、混凝土抗渗性能
		聚合物水泥、聚合物乳液、聚氨酯防水涂料	拉伸强度、断裂延伸率、不透水性、低温柔性
		沥青基防水涂料	断裂伸长率、耐热度、不透水性、低温柔度

续表 B

序号	材料名称		复检参数
8	防水材料	高聚物改性沥青防水卷材	拉力、断裂延伸率、耐热度、低温柔性、不透水性
		合成高分子防水卷材	断裂拉伸强度、扯断伸长率、低温弯折、不透水性
		密封胶	拉伸粘结性、低温柔性
9	内墙/木器涂料	溶剂型	挥发性有机化合物（VOC）、苯、游离甲苯二异氰酸酯（TDI）、甲苯+乙苯+二甲苯
		水性	挥发性有机化合物（VOC）、苯、甲苯+乙苯+二甲苯、游离甲醛
10	胶粘剂	溶剂型	苯、甲苯+二甲苯、游离甲苯二异氰酸酯（聚氨酯类胶粘剂）、挥发性有机物（VOC）
		水性	游离甲醛、苯、甲苯+二甲苯、总挥发性有机物（VOC）
11	绝热材料		导热系数、密度、吸水率

注：材料的复检还应符合国家现行有关规范和标准的要求。

附录C 成品住宅装修工程主要材料、部品、设备表

表C 成品住宅装修工程主要材料、部品、设备表

项目		材质	规格	品牌	型号	备注
客厅、餐厅	地面					
	墙面					
	顶面					
主、次卧	地面					
	墙面					
	顶面					
厨房	地面					
	墙面					
	顶面					
	橱柜					
	水槽					
	龙头					
	灶台					
	吸油烟机					
	消毒碗柜					
卫生间	地面					
	墙面					
	顶面					
	蹲、坐便器					
	台盆龙头					
	洗面台盆					
	淋喷龙头及花洒					

续表 C

项目				材质	规格	品牌	型号	备注
卫生间	浴缸							
	淋浴房							
	配件							
阳台	地面							
	顶面							
其他部位	门	入户门						
		户内门						
		五金件						
	水电	照明灯具						
		开关插座						
		电线						电气回路：
		水管	冷					
			热					
	智能化	门禁对讲						
	设备	空调系统						
		热水供应系统						
		供暖系统						
		新风系统						
		太阳能系统						

注：工程中不包含的装修项目不填写；表格中未列出的装修项目可根据工程实际发生的项目加栏填写。

附录D 成品住宅装修工程基本配置

表D 成品住宅装修工程基本配置

位置	配置内容		配置Ⅰ	配置Ⅱ	推荐配置	备注
楼地面	厨房、卫生间	防滑地砖	√	√	天然石材、人造石材、马赛克	
	起居室、餐厅	水泥	√	×	实木地板、实木复合地板、天然石材、人造石材、地板胶	
		地砖	—	○		
		地板	—	○		
	卧室、书房	水泥	√	×	实木地板、实木复合地板、地砖、地毯	
		地板	—	√		
	入户花园	水泥	√	×	天然石材、防腐木类	
		防滑地砖	—	√		
天棚	厨房、卫生间	普通涂料	√	×	防水纸面石膏板及硅钙板饰乳胶漆、铝塑板、铝单板	
		吊顶	—	√		
	起居室、餐厅、书房	涂料	√	○	纸面石膏板、饰面板、造型天棚	
		局部吊顶	—	○		

续表 D

位置	配置内容		配置Ⅰ	配置Ⅱ	推荐配置	备注
天棚	卧室	涂料	√	○	纸面石膏板、饰面板	
		局部吊顶	—	○		
	入户花园	涂料	√	○	纸面石膏板、饰面板、造型天棚	
		局部吊顶	—	○		
墙面	厨房、卫生间	墙砖	√	√	天然石材、人造石材、马赛克、装饰安全玻璃	
	起居室、餐厅	涂料	√	√	饰面板、墙纸、软硬包	
	卧室、书房	涂料	√	√	饰面板、墙纸、软硬包	
	入户花园	涂料	√	√	墙砖、石材、饰面板、马赛克	
门	入户门	防盗门	√	√	装饰防火防盗门	
	卧室、书房、厨房	木质门扇	√	√	实木门带门套	
		带门套	—	√		
	卫生间	塑钢门	○	○	实木门带门套	
		木质门扇	○	○		
		带门套	—	√		

续表 D

位置	配置内容		配置Ⅰ	配置Ⅱ	推荐配置	备注
厨房设施	操作台	砖砌预制板水泥砂浆	○	×	整体橱柜（含洗涤盆及其他配件）、高级人造石、天然石材。消毒柜、预留微波炉。电饭煲、洗碗机接口及位置	
		砖砌预制板瓷砖	○	×		
		橱柜带石材台面	—	√		
	吊柜	普通橱柜板	—	√		
	洗涤盆	陶瓷	√	○		
		不锈钢	—	○		
	灶具	台上式	√	×		
		嵌入式	—	√		
	排油烟机		—	√		
卫生器具	立柱式洗面盆		√	√	成品洗面台	
	便器	坐便器	—	√	妇洗器、小便斗、智能坐便器	
		蹲便器	√	—		

续表 D

位置	配置内容		配置Ⅰ	配置Ⅱ	推荐配置	备注
卫生器具	沐浴设备	淋浴喷头	√	○	浴缸、整体淋浴房	
		淋浴房	—	○		
	镜子、镜灯		√	√	镜箱	
	地漏		√	√		
	排风扇		—	√		
	毛巾架、杯架、手纸盒马桶刷		—	√		
	浴霸		—	—		
其他	热水器		√	√		
	拖布池		√	√		
电气工程	家居配电箱		√	√		
	开关插座面板		√	√		
	照明灯具		√	√		
	等电位连接		√	√		
	接地		√	√		
智能化	门禁对讲		—	√	可视对讲远程抄表、家居控制器	
	可燃气体浓度探测器		√	√		
	紧急报警求助		√	√		

注：1 “√”表示最低应配置，“○”表示应选择其一，“—”表示不要求但可选配，“×”表示不可选；

2 洗衣机、冰箱位置应根据建筑设计布置；

3 电气及智能化插座基本配置见表 3.3.2、表 3.3.3；

4 供暖设备严寒及寒冷地区应配置。

附录E　交接验收移交表

表E　交接验收移交表

工程名称：　　　　　　　　　　　　　　　　交接范围：

<table>
<tr><td colspan="2">建设单位</td><td></td><td>监理单位</td><td colspan="2"></td></tr>
<tr><td colspan="2">总包单位</td><td></td><td>装修施工单位</td><td colspan="2"></td></tr>
<tr><td rowspan="2">序号</td><td rowspan="2">交接项目</td><td rowspan="2">交接内容</td><td colspan="2">质量及完成情况</td><td rowspan="2">交接意见</td></tr>
<tr><td>质量情况</td><td>完成情况</td></tr>
<tr><td rowspan="3">1</td><td rowspan="3">楼地面、墙面和天棚</td><td rowspan="3">裂缝、空鼓、脱层、地面起砂、墙面爆灰、地面基层平整度（复合地板面层）</td><td>内墙面抹灰</td><td></td><td rowspan="3"></td></tr>
<tr><td>天棚抹灰完，有吊顶的天棚基层表面无质量缺陷及明显修补痕迹</td><td></td></tr>
<tr><td>地面面层完成或结构层表面平整度达到找平层要求</td><td></td></tr>
<tr><td>2</td><td>门窗</td><td>窗台高度、渗漏、门窗开启、安全玻璃标识、外门窗划痕、损伤</td><td>外门窗安装完毕，现场“两性”检测合格，淋水试验合格</td><td></td><td></td></tr>
<tr><td>3</td><td>栏杆</td><td>栏杆高度、竖杆间距、防攀爬措施、护栏玻璃</td><td>—</td><td></td><td></td></tr>
</table>

续表 E

工程名称：　　　　　　　　　　　　　　　　　　交接范围：

<table>
<tr><td rowspan="2">序号</td><td rowspan="2">交接项目</td><td rowspan="2">交接内容</td><td colspan="2">质量及完成情况</td><td rowspan="2">交接意见</td></tr>
<tr><td>质量情况</td><td>完成情况</td></tr>
<tr><td>4</td><td>防水工程</td><td>屋面渗漏、卫生间等防水地面渗漏、外墙渗漏</td><td>屋面、外墙面（含阳台等）已完成，防水地面防水层施工完，蓄水、淋水试验合格</td><td></td><td></td></tr>
<tr><td>5</td><td>室内空间尺寸</td><td>室内层高、净开间尺寸</td><td>墙面弹出标高控制线，地面弹出方正控制线，地面测点标识完成</td><td></td><td></td></tr>
<tr><td>6</td><td>给排水工程</td><td>管道渗漏、坡向、排水管道通水灌水、给水管道试压、高层阻火圈（防火套管）设置、地漏水封</td><td>排水管道、暗埋的给水管道敷设完毕；
各项功能性检验合格</td><td></td><td></td></tr>
<tr><td>7</td><td>建筑电气工程、智能化工程</td><td>—</td><td>插座线盒、家居配电箱、家居配线箱等安装就位</td><td></td><td></td></tr>
<tr><td>8</td><td>其他</td><td>烟道设置及附件</td><td>烟道及附件安装完毕</td><td></td><td></td></tr>
<tr><td colspan="3">交接验收结论：</td><td colspan="3"></td></tr>
<tr><td colspan="2">建设单位</td><td>监理单位</td><td>总包施工单位</td><td colspan="2">装修施工单位</td></tr>
<tr><td colspan="2">参加人员：

年　月　日</td><td>参加人员：

年　月　日</td><td>参加人员：

年　月　日</td><td colspan="2">参加人员：

年　月　日</td></tr>
</table>

注：交接验收中增加或不包含的验收项目应在验收记录中增加或删除。

附录 F　成品住宅装修工程验收记录表

表 F.0.1　成品住宅装修工程检验批质量验收记录表

工程名称		分项工程名称		验收部位	
施工单位		专业工长		项目经理	
施工执行标准名称及编号					
分包单位		分包项目经理		施工班组长	
	质量验收规范的规定		施工单位检查评定记录	监理（建设）单位验收记录	
主控项目	1				
	2				
	3				
	4				
	5				
	6				
	7				
	8				
	9				

续表 F.0.1

一般项目	1										
	2										
	3										
	4										
施工单位检查评定结果	项目专业质量检查员：　　　　年　月　日										
监理（建设）单位验收结论	监理工程师： （建设单位项目专业技术负责人）　　　　年　月　日										

表 F.0.2　成品住宅装修工程分项工程质量验收记录表

<table>
<tr><td colspan="2">工程名称</td><td></td><td>结构类型</td><td></td><td>检验批数</td><td></td></tr>
<tr><td colspan="2">施工单位</td><td></td><td>项目经理</td><td></td><td>项目技术负责人</td><td></td></tr>
<tr><td colspan="2">分包单位</td><td></td><td>分包单位负责人</td><td></td><td>分包项目经理</td><td></td></tr>
<tr><td>序号</td><td colspan="2">检验批部位、区段</td><td colspan="2">施工单位检查评定结果</td><td colspan="2">监理（建设）单位验收结论</td></tr>
<tr><td>1</td><td colspan="2"></td><td colspan="2"></td><td colspan="2"></td></tr>
<tr><td>2</td><td colspan="2"></td><td colspan="2"></td><td colspan="2"></td></tr>
<tr><td>3</td><td colspan="2"></td><td colspan="2"></td><td colspan="2"></td></tr>
<tr><td>4</td><td colspan="2"></td><td colspan="2"></td><td colspan="2"></td></tr>
<tr><td>5</td><td colspan="2"></td><td colspan="2"></td><td colspan="2"></td></tr>
<tr><td>6</td><td colspan="2"></td><td colspan="2"></td><td colspan="2"></td></tr>
<tr><td>7</td><td colspan="2"></td><td colspan="2"></td><td colspan="2"></td></tr>
<tr><td>8</td><td colspan="2"></td><td colspan="2"></td><td colspan="2"></td></tr>
<tr><td>9</td><td colspan="2"></td><td colspan="2"></td><td colspan="2"></td></tr>
<tr><td>10</td><td colspan="2"></td><td colspan="2"></td><td colspan="2"></td></tr>
<tr><td>11</td><td colspan="2"></td><td colspan="2"></td><td colspan="2"></td></tr>
<tr><td>12</td><td colspan="2"></td><td colspan="2"></td><td colspan="2"></td></tr>
<tr><td>13</td><td colspan="2"></td><td colspan="2"></td><td colspan="2"></td></tr>
<tr><td>14</td><td colspan="2"></td><td colspan="2"></td><td colspan="2"></td></tr>
<tr><td>15</td><td colspan="2"></td><td colspan="2"></td><td colspan="2"></td></tr>
</table>

续表 F.0.2

<table>
<tr><td>序号</td><td>检验批部位、
区段</td><td colspan="2">施工单位检查
评定结果</td><td>监理（建设）单位
验收结论</td></tr>
<tr><td>16</td><td></td><td colspan="2"></td><td></td></tr>
<tr><td>17</td><td></td><td colspan="2"></td><td></td></tr>
<tr><td></td><td></td><td colspan="2"></td><td></td></tr>
<tr><td></td><td></td><td colspan="2"></td><td></td></tr>
<tr><td>检查
结论</td><td colspan="2">项目专业
技术负责人：
年　月　日</td><td>验
收
结
论</td><td>监理工程师
（建设单位项目专业技术负责人）
年　月　日</td></tr>
</table>

表 F.0.3　成品住宅装修工程分部（子分部）工程质量验收记录表

工程名称		结构类型		层数	
施工单位		技术部门负责人		质量部门负责人	
分包单位		分包单位负责人		分包技术负责人	
序号	分项工程名称	检验批数	施工单位检查评定	验收意见	
1					
2					
3					
4					
5					
6					
质量控制资料					
安全和功能检验（检测）报告					
观感质量验收					
验收单位	分包单位	项目经理：　年　月　日			
	施工单位	项目经理：　年　月　日			
	勘察单位	项目负责人：　年　月　日			
	设计单位	项目负责人：　年　月　日			
	监理（建设）单位	总监理工程师：（建设单位项目专业负责人）　年　月　日			

表 F.0.4 成品住宅工程质量分户验收记录表（装修工程）

工程名称：

<table>
<tr><td>房 号</td><td colspan="3">楼　　单元　　号</td></tr>
<tr><td>建设单位</td><td></td><td>施工单位</td><td></td></tr>
<tr><td>监理单位</td><td></td><td>检查日期</td><td></td></tr>
<tr><td>序 号</td><td colspan="2">检验内容</td><td>检验结果
（实测数据、观察情形）</td></tr>
<tr><td></td><td colspan="2"></td><td></td></tr>
<tr><td></td><td colspan="2"></td><td></td></tr>
<tr><td></td><td colspan="2"></td><td></td></tr>
<tr><td></td><td colspan="2"></td><td></td></tr>
<tr><td>质量缺陷
及整改结果</td><td colspan="3"></td></tr>
</table>

<table>
<tr><td>建设单位</td><td>施工单位</td><td>监理单位</td><td>其他单位</td></tr>
<tr><td>单位（项目）技术
负责人：

（公章）
年　月　日</td><td>专业技术(质量)
负责人：

（公章）
年　月　日</td><td>总监理工程师：

（公章）
年　月　日</td><td>

年　月　日</td></tr>
</table>

本标准用词说明

1 为便于执行本标准条文时区别对待，对要求严格程度不同的用词说明如下：

1）表示很严格，非这样做不可的：

正面词采用“必须”；

反面词采用“严禁”。

2）表示严格，在正常情况下均应这样做的：

正面词采用“应”；

反面词采用“不应”或“不得”。

3）表示允许稍有选择，在条件许可时首先应这样做的：

正面词采用“宜”；

反面词采用“不宜”。

4）表示有选择，在一定条件下可以这样做的：

正面词采用“可”；

反面词采用“不可”。

2 条文中指定应按其他有关标准执行时，写法为“应符合……的规定”或“应按……执行”。非必须按所指定的标准执行时，写法为“可参照……”。

四川省工程建设地方标准

四川省成品住宅装修工程技术标准

DBJ 51/015—2013

条 文 说 明

目　次

1 总 则

1.0.1 国务院办公厅发布《关于推进住宅产业现代化提高住宅质量的若干意见》、建设部发布《商品住宅装修一次到位实施导则》、四川省住房和城乡建设厅发布《四川省住房和城乡建设厅关于加快推进成品住宅开发建设的意见》，政府高度重视住宅产业化，大力发展成品住宅。

随着社会、经济的发展，住宅二次装修带来的资源浪费、安全隐患、噪声扰民、污染环境等问题，引起了社会各界的广泛关注。发展成品住宅，符合国家节能减排的方针政策，成品住宅是必然的发展方向。

1.0.2 本标准中的成品住宅装修工程是指套内的装修工程，不包括公共区域装修；既有住房的装修，可参照执行。

1.0.3 四川省气候条件包括四川省范围内跨 4 个气候分区，部分地区天气潮湿等情况。

1.0.4 成品住宅装修设计涉及建筑、结构、防火、热工、节能、隔声、采光、照明、给排水、暖通空调、电气等各种专业，各专业已有规范规定的内容，除必要的重申外，本标准不再重复。

3 基本规定

3.1 一般规定

3.1.1 建造成品住宅，首先要实施建筑设计和装修设计一体化。建筑设计方案确定后，装修设计就应提前介入，针对住宅套内的平面布置、地面装饰和管线的位置，提出相应的装修方案，两个方案相互补充完善并进行相应调整。装修设计重点解决土建、设备与装修的衔接问题，改变土建、装修相互脱节的局面。住宅装修设计应当在住宅主体施工前完成，以避免施工过程中的拆改。

成品住宅要倡导轻装修、重装饰的理念，要积极推广集成化装修模式，做到装修材料批量生产、成套供应、现场组装，以适应住宅装修工业化生产的要求，真正达到装修的标准化、模数化、通用化。

3.1.4 强制性条文。装修材料、部品及工艺的多样性、复杂性和感观质量评价的需要，弥补可能存在的设计深度不足和合同约定的成品住宅装修交房标准不细等，以交付样板房作为验收时的实物参照物是十分必要的。

成品住宅“交付样板房”这一概念的提出：一是强调明确，与一般意义上的销售展示样板房可以在任意地点设置不同，要求开发商必须在建筑实体内做“交付样板房”；二是要求交付样板房要做到与最终交付与购房者的标准一致，如室内空间尺寸、面积、墙体厚度、水电开关插座位置、套内基本配置、装修材料品质、颜色等。这样既解决了部分装修观感难以定量判断，又避免了对材料色泽等看法不一造成质量纠纷现象的出现，也有利于开发商与业主在交房和接房时有一个基本的统一的标准，能较好地保护购房者的权益。三是遵从建筑行业的客观现实，建筑装修作业人员流动性大，交付样板房具有全面开展装修施工指导范本的作用，以交付样板房为标准，对施工队伍技术交底，细部工法作为参考，能很好地指导施工。

3.1.5 成品住宅交付样板房在大面积展开装饰装修施工前，在建筑实体内，对各类户型或标准，按审定的装修设计和最终交给住户的交付标准，提前施工的，反应成品住宅将达到的实际质量和观感效果的 1:1 样板。样板房采用的材料、部品和设备，与全面装饰装修施工中所用的材料、部品和设备应一致。

规定样板房在合同约定的交房日期后 30 日内不应拆除，是针对目前样板房在合同约定的交房日期前就拆除而无法保护业主利益，业主无法依据样板房来验收。如交付样板房已卖给业主，建设单位应与业主协商好该房的交付时间。

3.1.7 环境保护是一个世界性的问题，工程施工过程引起周边环境的污染一直是城市建设环境治理的重点。由于装修工程使用了大量的有机化工材料，对环境的污染和影响就更为突出，因此，装修工程施工过程的环境保护是一个非常重要的内容。

装修工程施工过程的主要环境因素：

1 噪声，包括机械噪声和施工噪声等；

2 废水、废液，包括生产废水、生活污水、稀释剂废液等；

3 废气，包括稀释剂挥发等；

4 粉尘，包括水泥、滑石粉的扬尘等；

5 固体废弃物，包括建筑废料、废渣、废弃包装物等；

6 能源，包括生产用水和用电、生活用水和用电、柴油、机油、蒸汽、压缩空气等；

7 泄漏、爆炸，包括化学品、油漆、可燃气体等。

在施工过程中，应当严格遵守有关环境保护的法律法规，要制定切实可行的环境管理方案，对施工作业人员进行环境保护的作业指导，对环境因素进行识别和监控，作发好易燃易爆和化学物品的管理，采取有效措施控制施工现场的各种粉尘、废气、废水、废弃物、噪声、振动等对周围环境造成污染和危害。

3.2 材料、部品基本要求

3.2.1 装修材料的选择的原则应是实用、经济、环保、美观。实用是指材料的品质、性能应满足建筑空间环境实用功能要求；经济是指材料花费的资金投入经过综合比较应该是合理的；环保是指材料中有害物含量或挥发量应符合现行国家限量的规定，美观是指材料的质感、颜色、图案、光泽等应满足建筑空间环境装修效果的要求。

3.2.2 为了保证成品住宅装修工程的质量，必须在工程建设的全过程严格把关，其中，施工过程中把好材料关十分关键，因此，当装修材料进场检验抽查，发现不符合设计和本标准的有关规定时，不得使用，复检的抽查数量应符合国家相应标准的要求。

3.2.3 国家和四川省明令禁止、限制使用的建筑材料常常或技术落后，或能耗高，或污染环境，或存在严重安全隐患和质量隐患。

3.3 基本配置

3.3.1 本条文对成品住宅提出了最低的基本配置的要求。考虑到我省各地区差异和经济条件的不同，本标准提供了配置Ⅰ、配置Ⅱ两类基本配置供选择；例如廉租房、公共租赁住房等可选择配置Ⅰ，这样有利于合理控制成本，便于实施；而当对装修标准有更高要求时，建设单位可选择附录D中更高标准的推荐配置。

3.3.2 目前几乎每个家庭都感到插座不够，要用临时线加接插座板作补充，一块插座板上接三四个用电设备是常见现象，如果这些用电设备都是小容量，例如家用电脑要用到四五个插座，这是允许的。如果插座板同时接电水壶、电热取暖器等大容量电器是不允许的，因为导线会过载发热。发达国家不允许临时线长期使用，同时规定要有足够的插座数量。因为临时线在使用中易受损，会导致人身电击和电气火灾事故。

3.3.3 为了满足住户对使用功能的要求，本条对信息系统终端在不同房间的数量进行了要求。

3.4 分部工程划分

3.4.1 本标准在《建筑工程施工质量验收统一标准》GB 50300的基础上，对建筑工程分部分项工程进行了划分，为了便于各单位更好的执行，尽量与《建筑工程施工质量验收统一标准》GB 50300中的要求保持一致，但对新增及变更的内容作了相应调整。

3.5 室内环境污染控制

3.5.2 室内环境污染物含量的检测包括：人造木板或饰面人造木板的游离甲醛释放量；水性涂料，水性胶粘剂和水性处理剂的挥发性有机化合物（VOC）和游离甲醛含量；溶剂型涂料总挥发性有机化合物（VOC）、苯+二甲苯、游离甲苯二异氰酸酯（TDI）；石材、陶瓷、石膏板等无机非金属材料的放射性。

3.6 装修施工安全

3.6.1 施工现场防火应从建立安全制度、明确责任、材料管理等多方面入手，营造良好的施工环境。装修材料有很多可燃甚至易燃材料，一方面要尽可能减少这类材料的集中堆放，防止因通风不良，造成室内空气中的可燃气体浓度达到爆炸极限而引发爆炸事故；另一方面采取各种措施避免火种，例如施工中碰撞摩擦发热火花，电焊、切割产生的火星等引起火灾。

3.7 装修质量保修

3.7.4 住房和城乡建设部《商品住宅实行住宅质量保证书和住宅使用说明书制度的规定》中，第八条规定“《住宅使用说明书》应当对住宅的结构、性能和各部位（部件）的类型、性能、标准等作出说明；作为成品住宅，需要对装修部品及设备的使用，做出明确的要求，以保证部品及设备正确并安全的使用。

4 装修设计

4.1 一般规定

4.1.1 强制性条文。成品住宅工程装修设计的缺失，会造成施工中装修材料、部品和设备的选择、细部构造等方面存在随意性，导致工程的结构安全、防水、防火、卫生、环保等方面不能达到国家相关标准，无法满足使用功能和使用安全的要求；成品住宅装修工程也会因缺少设计依据，无法正常开展质量验收；同时，也无法落实建筑和装修设计一体化，起不到节能减排的有效作用。因此本条要求成品住宅装修工程必须进行设计，且施工图设计文件必须经过相关部门审查，通过后才能作为合法的施工依据。

成品住宅装修设计时应当保证结构构造安全，工程的防火、卫生等性能符合国家标准的规定；装修设计要满足建筑使用功能需求，力求布局合理、实用；装修设计方案实现所需投入的人力、物力和工期衡量其经济性的指标，应通过合理设计取得较好的经济性；装修设计应该利用各种材料、饰物和构造努力渲染和烘托建筑空间的文化内涵，以实现建筑环境的美化。

除执行本标准外，设计时尚应符合国家现行的有关强制性标准的规定，主要有：

《住宅设计规范》 GB 50096；

《建筑设计防火规范》 GB 50016；

《高层民用建筑设计防火规范》 GB 50045；

《城市居住区规划设计规范》 GB 50180；

《民用建筑设计通则》 GB 50352;
《民用建筑隔声设计规范》 GB 50118;
《民用建筑照明设计规范》 GB 50034;
《民用建筑热工设计规范》 GB 50176;
《民用建筑节能设计标准(采暖居住建筑部分)》 JGJ 26;
《建筑给排水设计规范》 GB 50015;
《采暖通风和空气调节设计规范》 GB 50019;
《城镇燃气设计规范》 GB 50028;
《无障碍设计规范》GB 50763 等。

4.1.3 本条是为了确保装修设计质量，明确建筑装饰设计基本内容和要求，规范方案设计和施工图设计的工作范围和深度，便于有效控制施工质量以及施工进程。

4.1.4 强制性条文。在装修施工中存在一些不规范甚至相当危险的做法，例如：为了扩大使用面积随意拆改承重墙；为了美观和增加使用空间随意在梁上开孔打洞等。因此，为了保证在任何情况下建筑装修活动本身不会导致建筑物的安全度降低，或影响到建筑物的主要使用功能，如防水、供电、供水等，特制定本条。

《建设工程质量管理条例》的第十五条规定："涉及建筑主体和承重结构变动的装修工程，建设单位应当在施工前委托原设计单位或者具有相应资质等级的设计单位提出设计方案，没有设计方案的，不得施工。房屋建筑使用在装修过程，不得擅自变动房屋建筑主体和承重结构"。《建筑装饰装修工程质量验收规范》GB 50210—2001 第 3.1.5 规定："建筑装饰装修工程设计必须做保证建筑物的结构安全和主要使用功能。当涉及主体和承重结构改动或增加荷载时，必须由原结构设计单位或具备相应资质的设计单位核查有关原始资料，对既有建筑结构的安全性进行核验、确认" 为强条；《建筑装饰装修工程质量验收规范》GB 50210—2001 第 3.3.4 规定“建筑装饰装修工程施工中，严禁违反设计文件擅自改动建筑主体、承重结构或主要使用功能；严禁未经设计确认和有关部门批准擅自拆改水、暖、电、燃气、通信等配套设施”也为强条。本条与以上内容基本一致，故将本条确定强制性条文，必须强制执行。

4.1.5 《建设工程勘察设计管理条例》(国务院令第 293 号)第二十七条规定：设计文件中选用的材料、构配件、设备，应当注明其规格、型号、性能等技术指标，其质量要求必须符合国家规定的标准。本条据此对住宅建设采用的材料和部品提出了要求。

4.1.10 我国地域辽阔，一个气候区的面积就可能相当于欧洲几个国家，四川省地区内的冷暖程度相差也比较大，客观上有必要进一步细分，明确各气候分区对建筑的基本要求。如潮湿是夏热冬冷地区气候的一大特点。在室内热环境主要设计中虽然没有明确提出相对湿度设计指标，但并非完全没有考虑因潮湿引起施工技术及质量问题。

在四川地区考虑气候分区为设计和施工提供了更为科学依据。由于寒冷地区施工相对困难，加之材料选择与施工工艺的错误会产生质量问题甚至损害建筑功能。因此，如何合理确定建筑装饰材料和施工工艺，必须考虑本地区气候条件，冬、夏季太阳辐射温度、风环境、围护结构构造等各方面因素。

从理论上讲，本标准尊重各地的习惯。考虑到设计和施工上的方便，应权衡利弊，兼顾不同类型的建筑，尽可能地减少因气候特征带来的影响以达到合理科学的设计与施工目的。

4.2 功能空间

4.2.5 厨房应有直接对外的采光通风口，保证基本的操作需要和自然采光、通风换气。根据居住实态调查结果分析，90%以上的住户仅在炒菜时启动排油烟机，其他作业如煮饭、烧水等基本靠自然通风，因此厨房应有可通向室外并开启的门或窗，以保证自然通风。

4.3 室内环境设计

4.3.1 改善室内热环境、声环境、光环境、空气质量等方面的措施可采用以下方式：

1 改善室内热环境措施：

1）装修设计应充分考虑门窗安装节点，严格门窗安装规程，确保门窗的气密性不低于4级。

2）装修设计宜通过设置百叶窗或多种窗帘来反射、吸纳阳光，从而达到降低或提高室温的目的。

3）空调机的室内机安装位置要考虑最佳效果。外窗可附加风扇，加强空气对流。提倡增加新风的设备，或设卫生通风口，改善室内空气质量。

4）室内分户墙，楼板的热工性能应符合四川省居住建筑节能设计标准的有关规定。

2 改善室内声环境措施：

1）铺设架空或有软垫层的地板、地毯、半软质的橡胶地板、软木复合地板，减少固体传声。

2）提倡采用隔声优良的门、窗和分室隔断。

2）提倡墙面贴墙纸、墙布，悬挂装饰物达到吸声效果。

3 改善室内光环境措施：

1）尽量采用自然光改善居室卫生指标。

2）装修设计宜采用浅色及低反射系数的材料，以提高室内亮度，同时避免过强的阳光影响居住者的工作、休息。

3）通过窗帘的设置，将直射光线变为漫射光线，改善透光系数，调节室内明亮程度。

4）人工照明应选择恰当的光源及灯具。

4.3.2 室内声环境质量直接关系到居民的生活、工作和休息。隔声问题在当前住房装修中还没引起足够的重视，是一个薄弱环节。隔声技术包括空气隔声和固体隔声两方面。住房中人可容忍的噪声约为 40 dB ~ 45 dB。为达到这一指标，必须加强对门窗密闭性要求和墙体构造措施，特别是住房中的楼地板。长期以来，不重视对楼地面的固体传声采取措施，致使隔声效果差；卧室、起居室（厅）紧邻电梯布置时，必须采取有效的隔声和减振措施。

4.3.4 热环境是直接关系人的舒适感的重要因素，就我省中东部地区（包括成都）处在夏热冬冷地区来说，分体式空调仍是大多数人的选择，但随着人对室内环境舒适度的追求逐步提高，特别是在我省应设置供暖设施的严寒地区和寒冷地区，各种供暖方式的探讨和系统的开发均各具特色，可满足不同层次人们的需求。本条款要求设置供暖设施时，宜采用先进的供暖技术，供暖设备的安装设计要与装修设计同步。

4.3.5 住房室内的污气及有害气体的排除，是广大住户最为关心的问题之一。但是迄今为止，有效排除厨房、卫生间的污气、有害气体的措施仍然不尽如人意。高层住房竖向排油烟、排风道，实际上等同虚设，串烟、串气、串声的现象十分严重。住房套内排气、排污设施实际上是一个大系统，尽管设备是好的，但是由于排风管道或排油烟管道不畅，通风系统同样达不到功效。住房穿堂风，畅通的排油烟、排风道和优良的通风设备是保持空气净化、防止空气污染的有效措施，装修时应充分利用，不应破坏。

4.5 防火设计

4.5.1 本条文所提装修材料燃烧性能等级依据现行国家标准《建筑内部装修设计防火规范》GB 50222，当按照 GB 8624《建筑材料及制品燃烧性能分级》提供装修材料时，可参照相应分级所对应的规定。设计时应妥善处理装修效果和使用安全的矛盾，积极采用不燃性材料和难燃性材料，尽量避免采用在燃烧时产生大量浓烟或有毒气体的材料，做到安全适用，技术先进，经济合理。

4.5.7 碘钨灯的灯管附近采用耐热绝缘材料，是为避免灯管内高温破坏绝缘层，引起短路。

4.5.8 电气引起的火灾占火灾总数的比例很大，本条对电气防火设计进行了明确的要求，包括家居配电箱、电气设备、插座、开关、电工套管的防火要求。

4.6 建筑装修

4.6.4 因外门窗已在土建设计中已经考虑了，本条仅对套内的门窗进行要求。

4.6.5 防水设计应包括有防水要求的卫生间、厨房和外漏阳台等部位。

4.7 建筑设备

4.7.1 卫生器具及给排水管道设计

2 采用双挡冲洗水箱比自闭式冲洗阀更符合节水标准。

3 根据国家相关规定，住宅给水管不得采用钢管（包括镀锌钢管）。

4 冷、热水管道敷设：

1）给水管道不论管材是金属管还是塑料管（含复合管），均不得直接埋设在建筑结构层内。如一定要埋设时，必须在管外设置套管，这可以解决在套管内敷设和更换管道的技术问题，且要经结构设计人员的同意，确认埋在结构层内的套管不会降低建筑结构的安全可靠性。

3）小管径的配水支管，可以直接埋设在楼板面的垫层内，或在非承重墙体上开凿的管槽内（当墙体材料强度低不能开槽时，可将管道贴墙面安装后抹厚墙体）。这种直埋安装的管道外径，受找平层厚度或管槽深度的限制，一般外径不宜大于 25 mm。敷设在垫层或墙体管槽内的管道，除管内壁要求具有优良的防腐性能外，其外壁应还要具有抗水泥腐蚀的能力，以确保管道使用的耐久性。

4）采用卡套式或卡环式接口的交联聚乙烯管，铝塑复合管，为了避免直埋管因接口渗漏而维修困难，故要求直埋管段不应中途接驳或用三通分水配水，采用软态给水塑料管，分水器集中配水，管接口均明露在外，以便检修。

5）为避免给水管结露无损吊顶，要求给水管道作防结露保温处理。

5 热水器的选用应综合考虑当地热源、投资、运行成本等因素，优先采用节能、环保的产品。我省的甘孜州、阿坝州、凉山州太阳能资源丰富，应优先考虑使用太阳能热水器。

8 住宅设计中因地漏设置不当，将引起水封干涸、破坏，从而造成臭气外溢，影响室内空气环境，因此设计人员应充分重视地漏的设置。本条系引用《建筑给水排水设计规范》2009年版（GB 50015—2003）中对地漏要求的相关条文。地漏的设置位置不当（如被台面遮挡），会造成地漏无法检修，地漏水封干涸也无法补水，故本条强调其设置位置不应被遮挡。

9 洗衣机的排水应排入生活排水管道系统，而不应排入雨水管道系统，否则含磷的洗涤剂废水会污染水体。

10 排水通畅是同层排水的核心，因此排水管管径、坡度、设计充满度均应符合相关规范规定，刻意地为少降板而减小坡度，甚至平坡，会为日后管道埋下堵塞隐患；埋设于填层中的管道接口应严密、不得渗漏且能经受时间考验，粘结和熔接的管道连接方式应推荐采用；卫生器具排水性能与其排水口至排水横支管之间落差有关，过小的落差会造成卫生器具排水滞留，如洗衣机排水排入地漏，地漏排水落差过小，则会产生返溢，浴盆、淋浴盆排水落差过小，排水会滞留积水；卫生间同层排水的地坪曾发生由于未考虑楼面负荷而塌陷，故楼面应考虑卫生器具静荷载（盛水浴盆）、洗衣机（尤其滚桶式）动荷载。楼面防水处理至关重要，特别对于局部降板和全降板，如处理不当，降板的填（架空）层变成蓄污层，造成污染。

4.7.2 电气设计

1 套内照明

装有淋浴或浴盆卫生间的照明回路装设剩余电流动作保护器是为了保障人身安全。为卫生间照明回路单独装设剩余电流动作保护器安全可靠，但不够经济合理。卫生间的照明可与卫生间的电源插座同回路，这样设计既安全又经济，缺点是发生故障时，照明没电，给居民行动带来不便。装有淋浴或浴盆卫生间的浴霸可与卫生间的照明同回路，宜装设剩余电流动作保护器。

标准所述的 0 区是指澡盆或淋浴盆的内部；1 区的界限为围绕澡盆或淋浴盆的垂直平面，或无盆淋浴距离淋浴喷头 0.6 m 的垂直平面，地面和地面之上 2.25 m 的水平面；2 区的界限为 1 区外界的垂直平面和与其相距 0.6 m 的垂直平面，地面和地面之上 2.25 m 的水平面；3 区的界限为 2 区外界的垂直平面和与其相距 2.4 m 的平行垂直面，地面和地面之上 2.25 m 的水平面。

2　套内插座

1）表 3.3.2 给出了套内装修插座的数量表，除有要求外，起居室空调器电源插座只预留一种方式；厨房插座的预留量不包括电炊具的使用。

2）单台单相家用电器额定功率为 2 kW~3 kW 时，电源插座宜选用单相三孔 16 A 电源插座；单台单相家用电器额定功率小于 2 kW 时，电源插座宜选用单相三孔 10 A 电源插座。家用电器因其负载性质不同、功率因数不同，所以计算电流也不同，同样是 2 kW，电热水器的计算电流约为 9 A，空调器的计算电流约为 11 A。设计人员设计时应根据家用电器的额定功率和特性选择 10 A、16 A 或其他规格的电源插座。

4)表 3.3.2 中单台单相家用电器的电源插座用途单一，这些家用电器不是用电量较大，就是电源插座安装位置在 1.8m 及以上，不适合与其他家用电器合用一个面板，所以插座面板只留三孔。考虑到厨房吊柜及操作柜的安装，厨房的电炊插座安装在 1.1 m 左右比较方便，考虑到厨房、卫生间瓷砖、腰线等安装高度，将厨房电炊插座、洗衣机插座、剃须插座底边距地定为 1.0 m ~ 1.3 m。

3　导线选择

1）住宅建筑套内电源布线选用铜芯导体除考虑、其机械强度、使用寿命等因素外，还考虑到导体的载流量与直径，铝质导体的载流量低于铜质导体。目前住宅建筑套内 86 系列的电源插座面板的占多数，一般 16 A 的电源插座回路选用 2.5 mm^2 的铜质导体电线，如果改用铝质导体，要选用 4 mm^2 的电线。三根 4 mm^2 电线在 75 系列接线盒内接电源插座面板，施工起来比较困难。

4 导管布线

3）条文中的线缆导管包括电源线缆的暗敷和明敷方式。

5）敷设在钢筋混凝土现浇楼板内的线缆保护导管最大外径不应大于楼板厚度的 1/3，敷设在垫层的线缆保护导管最大外径不应大于垫层厚度的 1/2。线缆保护导管暗敷时，外护层厚度不应小于 15 mm；消防设备线缆保护导管暗敷时，外护层厚度不应小于 30 mm。外护层厚度为线缆保护导管外侧与建筑物、构筑物表面的距离。

当电源线缆导管与采暖热水管同层敷设时，电源线缆导管宜敷设在采暖热水管的下面，并不应与采暖热水管平行敷设。电源线缆与采暖热水管相交处不应有接头。当采暖系统是地面辐射供暖或低温热水地板辐射供暖时，考虑其散热效果及对电源线的影响，电源线导管最好敷设于采暖水管层下混凝土现浇板内。

5 等电位联结

局部等电位联结应包括卫生间内金属给水排水管、金属活盆、金属洗脸盆、金属采暖管、金属散热器、卫生间电源插座的 PE 线以及建筑物钢筋网。

金属浴盆、洗脸盆包括金属搪瓷材料;建筑物钢筋网包括卫生间地面及墙内钢筋网。装有淋浴或浴盆卫生间里的设施不需要进行等电位联结的有下列几种情况：

——非金属物，如非金属浴盆、塑料管道等。

——孤立金属物，如金属地漏、扶手、浴巾架、肥皂盒等。

——非金属物与金属物，如固定管道为非金属管道（不包括铝塑管），与此管道连接的金属软管、金属存水弯等。

6 接地

1）住宅建筑套内下列电气装置的外露可导电部分均应可靠接地：

——固定家用电器、手持式及移动式家用电器的金属外壳；

——家居配电箱、家居配线箱、家居控制器的金属外壳；

——线缆的金属保护导管、接线盒及终端盒；

——I 类照明灯具的金属外壳。

2）家用电器外露可导电部分均应可靠接地是为了保障人身安全。目前家用电器如空调器、冰箱、洗衣机、微波炉等，产品的电源插头均带保护极，将带保护极的电源插头插入带保护极的电源插座里，家用电器外露可导电部分视为可靠接地。采用安全电源供电的家用电器其外露可导电部分可不接地。如笔记本电脑、电动剃须刀等，因产品自带变压器将电压已经转换成了安全电压，对人身不会造成伤害。

7 家居配电箱

家居配电箱内应配置有过流、过载保护的照明供电回路、电源插座回路、空调插座回路、电炊具及电热水器等专用电源插座回路。除壁挂分体式空调器的电源插座回路外，其他电源插座回路均应设置剩余电流动作保护器，剩余动作电流不应大于 30 mA。

每套住宅可在电能表箱或家居配电箱处设电源进线短路和过负荷保护，一般情况下一处设过流、过载保护，一处设隔离器，但家居配电箱里的电源进线开关电器必须能同时断开相线和中性线，单相电源进户时应选用双极开关电器，三相电源进户时应选用四极开关电器。

本条文主要为保障居民和维修维护人员人身安全和便于

管理。根据《住宅建筑规范》GB 50368—2005 第 8.5.4 条强制性条文制定。

低压配电系统 TN-C-S 、TN-S 和 TT 接地形式，由于中性线发生故障导致低压配电系统电位偏移，电位偏移过大，不仅会烧毁单相用电设备引起火灾，甚至会危及人身安全。过、欠电压的发生是不可预知的，如果采用手动复位，对于户内元人或有老幼病残的住户既不方便也不安全，所以规定了每套住宅应设置自恢复式过、欠电压保护电器。

4.7.3 燃气设计等内容。

燃气设备使用时会消耗氧气，同时排出对人体有害的废气，所以本条规定燃气设备应设置在通风良好的厨房或与厨房相连的阳台内，装修过程应避免形成通风死角。

烹饪操作时，厨房排油烟机的排油烟罩排出的烟气中含有油雾，如与燃气热水器、分户设置的供暖或制冷燃气设备排出的高温烟气混合，可能引起火灾或爆炸事故，因此两者不能合用烟道。

住宅采用户式燃气炉供暖，在日本、韩国、美国普遍使用，在我国寒冷地区也有使用。户式与集中燃气供暖相比，具有灵活、高效的特点，也可免去集中供暖管网损失及输送能耗。户式燃气炉的选择应采用质量好、效率高、维护方便的产品。采用全封闭式燃烧和平衡式强制排烟的系统是确保设备安全运行的条件。

4.7.4 供暖、通风与空气调节设计等内容。

1 根据供暖度日数和空调度日数，结合四川省的地理特征、气候特征、月平均温度等指标将四川省分为严寒、寒冷、夏热冬冷、温和地区四个气候区，按照《民用建筑供暖通风与空气调节设计规范》GB 50736—2012 第 5.1.2 的规定，严寒、寒冷地区应设置供暖设施，按照《民用建筑供暖通风与空气调节设计规范》GB 50736—2012 第 5.1.3 的规定，夏热冬冷地区宜设置供暖设施。四川省的夏热冬冷地区，随着生活水平的提高，人们对冬天的居住舒适度有了要求，尤其是有老人和小孩的家庭，这几年已经开始在住房内设置各种不同形式的供暖设施。供暖方式按末端的形式可分为：热风供暖、热水炉和散热器组成的热水系统供暖、热水地面辐射系统供暖、低温发热电缆辐射供暖、低温电热膜辐射供暖、电供暖散热器供暖、燃气红外线辐射供暖等方式。目前四川省实施供暖的各地区的气象条件、能源状况及政策、价格，供热、供气、供电情况及经济实力等都存在较大差异，并且供暖方式还要受到节能环保、卫生、安全和生活习惯要求等多方面的制约和影响，因此，应通过技术经济比较确定。

引自《住宅建筑规范》GB 50368—2005 第 8.3.5 的规定："除电力充足和供电政策支持外，严寒地区和寒冷地区的住宅内不应采用直接电热采暖"。合理利用能源，提高能源利用率，是当前的重要政策要求。用高品位的电能直接用于转化为低品位的热能进行供暖，热效率低，运行费用高，是不合适的。盲目推广电热锅炉、电热供暖，将进一步劣化电力负荷特性，影响民众日常用电。因此，应严格限制用直接电热进行集中供暖，但并不限制居住者选择直接电热方式进行分散形式的供暖。

2 住宅厨房及无外窗卫生间污染源较集中，应采用机械排风系统，设计时应预留安装排风机的位置和条件。

为保证有效的排气，应有足够的进风通道，当厨房和卫生间的外窗关闭或暗卫生间无外窗时，需通过门进风，应在下部设置有效截面面积不小于 0.02 m^2 的固定百叶，或距地面留出不小于 30 mm 的缝隙。在全面通风的换气次数不小于 3 次/h 的情况下，基本能满足通风换气的要求。

3 随着经济的发展，人民生活水平的不断提高，对舒适性空调的需求逐年上升。住宅采用分体空调或集中空调的方式，应根据当地能源、环保等因素，通过仔细的技术经济分析来确定，同时还要考虑用户对设备及其运行费用的承受能力。

地源热泵系统（包括地表水热泵系统、地下水热泵系统、地埋管热泵系统）中的水源热泵机组，是用水作为机组的低位热源，可以采用河水、湖水、海水、地下水或废水、污水等。当水源热泵机组采用地下水为水源时，应采取可靠的回灌措施，回灌水不得对地下水资源造成破坏和污染。

5 墙面工程

5.1 一般规定

5.1.1 由于抹灰工程在土建初装修中已有明确要求，将成品住宅装修的墙面工程划分在面层比较恰当。

5.1.3 基层的质量与面层的质量有很大关系，所以在进行面层施工前对基层质量参照《抹灰砂浆技术规程》JGJ/T 220 检查验收，是控制好墙面工程施工质量的关键，以免造成返工。

5.1.4 墙面的隔墙、软包等工程，必须依附于原有的结构。与原有结构固定是否牢固涉及使用安全和使用耐久性的关键，板缝位置容易出现收缩裂缝，所以对这些关键节点应进行隐蔽工程验收，满足使用安全。

5.2 施工要点

5.2.1 我省大部分地区夏季处于梅雨季节，空气湿度大，墙面基层主要为水泥类基层，水泥中的碱在空气和水作用下发生反应极易造成部分墙纸表面空鼓，进而造成起皮、脱落。因此，在裱糊施工前在应采用抗碱性能好的基膜将基层中的空气和水隔绝，并宜在粘贴墙纸前进行墙体防潮处理。

贴墙纸可从主要窗户的邻墙开始，从亮处向暗处贴过去。这样，即使墙纸边缝有交搭，也不会产生阴影，搭接处不会很明显。如果有窗户的墙不止一面，应把最大的窗户作为主要光源，以达到相应的装饰效果。

在电源开关及插座部位裱糊时，可先关掉总电源，然后将墙纸盖过整个电源开关或插座，从中心点割出两条对角线，就会出现4个小三角形，再以美工刀沿电源开关或插座四周将多余的墙纸切除。最后用抹布擦掉多余的胶粘剂。

5.2.2 因抹灰基层有尚未挥发的碱性物质，故在涂饰涂料前，应涂刷抗碱封底漆；厨房、卫生间为潮湿部位，墙面应使用耐水型内墙腻子。

基层的质量直接影响到涂料的附着力、平整度、色调的谐调和使用寿命，因此，对基层必须进行相应的处理，使基层的平整度等各项指标达到本规程的要求，并待基层充分干燥后进行涂饰施工，否则会造成涂层的空鼓、起皮，且影响整体观感和色调。

对于木质基层来说，在刮腻子前涂刷一遍底漆，有三个目的：第一是保证木材含水率的稳定性；第二是以免腻子中的油漆被基层过多的吸收，影响腻子的附着力；第三是因材质所处原木的不同部位，其密度也有差异，密度大者渗透性小，反之，渗透性强。因此上色前刷一遍底漆，控制渗透的均匀性，从而避免颜色不至于因密度大者上色后浅，密度小者上色后深的问题。

5.2.3 多数陶瓷饰面砖的吸水率一般在0.5%~10%左右，在铺贴前应充分浸水润湿，防止用干砖铺贴上墙后，饰面砖吸收砂浆（灰浆）表面的水分，致使砂浆表面水泥不能完全水化，造成黏结不牢或空鼓。墙面基层也应充分浇水润湿，以加强基层与粘贴层之间的粘结。

5.2.4 板材隔墙是指不需设置隔墙龙骨，由隔墙板材自承重，将预制或现制的隔墙板材直接固定于建筑主体结构上的隔墙工程。目前这类轻质隔墙的应用范围较广，使用的隔墙板材通常分为复合板材、单一材料板材、空心板材等类型。常见的隔板材如金属夹芯板、预制或现制的钢丝网水泥板、石膏夹芯板、石膏水泥板、石膏空心板、加气混凝土条板、水泥陶粒板等等。

骨架隔墙是指在隔墙龙骨两侧安装墙面板以形成墙体的轻质隔墙。这类隔墙主要是由龙骨作为受力骨架固定于建筑主体结构上。目前大量应用的轻钢龙骨石膏板隔墙就是典型的骨架隔墙。龙骨骨架中根据隔声或保温设计要求可以设置填充材料，根据设备安装要求安装一些设备管线等等。

活动隔墙是将隔墙板进行组装、固定于轨道中，并可前后、左右轨道移动的隔墙。这种隔墙主要用于隔断室内部分空间，有较好的实用性和经济性。

玻璃隔墙通常采用钢化玻璃，具有一定的抗冲击性，牢固和耐用，而且玻璃打碎后对人体的伤害比普通玻璃小，因此优先选用钢化玻璃。

为保证隔墙垂直、平整，故要求沿地、顶、墙弹出隔墙的中心线和宽度线，宽度线应与龙骨的边线吻合，弹出标高线。

玻璃砖由于自重较大，且砌筑的接触面较小，故要求以1.5 m 高度为单位分段施工，待固定后再进行上部分施工。

5.2.5 软包工程施工前必须对墙面进行防潮处理。墙面防潮处理可均匀涂刷一层清油或满铺油纸。使用沥青油毡做防潮层时油毡与墙面基层的结合不够牢固，且沥青油毡相对较厚，难以达到防潮的效果。

有花纹图案的面料铺贴后，门窗两边或室内与柱子对称的两块面料的花纹图案不对称，是因为面料下料宽狭不一或纹路方向不对，造成花纹图案不对称。遇到这类问题，可以通过做样板套，尽量多采用试拼的措施，找出花纹图案不对称问题的原因，进行解决。

面料在蒙铺之前必须确定正反面、纹理及纹理方向，在正放的情况下，织物面料的经纬线应垂直和水平。用于同一场所的所有面料，纹理方向必须一致，尤其是起绒面料，更应注意。织物面料要先进行拉伸熨烫，再进行蒙面上墙。

压条、贴脸及镶边条宽窄不一、接槎不平、扒缝等是由于选料不精、木条含水率过大或变形、制作不细、切割不认真、安装时钉子过稀等造成。为了避免这类问题，必须坚决杜绝不是主料就不重视的错误观念，重视压条、贴脸及镶边条的材质以及制作、安装过程。

5.3 质量要求

5.3.2 裱糊工程的基层，要求坚实牢固、表面平整光洁、不疏松起皮，不掉粉，无砂粒、孔洞、麻点和飞刺，否则壁纸就难以贴平整。

5.3.3 在实际工程中，由于各单位对成品住宅的涂饰效果以及造价的要求各不相同，对涂饰工程的外观质量要求有明显区别，因此本章在水性涂料涂饰工程和溶剂型涂料涂饰工程的“一般规定”中分为“普通涂饰“和”高级涂饰“两个级别提出要求，以便根据使用条件提出相应的装修标准进行装饰装修。

5.3.4 内墙饰面砖阳角空鼓、开裂、破损是我国常见的工程质量问题，且饰面砖 45°拼阳角缝形成的锐角容易破损，发达国家普遍采用内墙饰面砖阳角粘贴阳角条的方法很好地解决了这个难题，值得借鉴。其他部位的内墙饰面砖边角局部空鼓对整体牢固度影响不大，在目前没有有效解决办法的情况下只要求距边 10 mm 以内的大面无空鼓。

5.3.5 轻质隔墙与顶棚或其他材料墙体的交接处容易出现裂缝，因此，在设计过程中应提出对轻质隔墙的这些部位采取的防裂缝措施。

有些玻璃隔墙的单块玻璃面积比较大，其安全性就很突出，因此，要对涉及安全性的部位和节点进行检查，保证玻璃隔墙的安装牢固。

5.3.6 软包工程施工完成后应达到表面面料平整，经纬线顺直，色泽一致，无污染，压条无错台、错位，同一房间同种面料花纹图案位置相同，单元尺寸正确，松紧适度，棱角方正，周边弧度一致，填充饱满平整，无皱褶等效果。

内衬材料的材质、厚度按设计要求选用，设计无要求时，材质必须是阻燃环保型，硬边拼缝的内衬材料要按照衬板上所钉木条内侧的实际净尺寸剪裁下料，四周与木条之间必须吻合、无缝隙，用环保型胶粘剂平整地粘贴在衬板上。

用于蒙面的织物、人造革的花色、纹理、质地必须符合设计要求，同一场所必须使用同一匹面料。

6 天棚工程

6.1 一般规定

6.1.1 住房装修中均为不上人吊顶，本章适用于整体面层吊顶、板块面层吊顶和格栅吊顶天棚等。

6.1.2 龙骨的设置主要是为了固定饰面材料，一些轻型设备如小型灯具、烟感器、喷淋头、风口篦子等也可以固定在饰面材料上。但如果把电扇和大型吊灯固定在龙骨上，可能会造成脱落伤人事故。

6.1.5 天棚工程中的裱糊工程、涂饰工程的要求与墙面工程一致，可不再一一说明。

6.2 施工要点

6.2.1 吊杆的位置因关系到吊顶应力分配是否均衡，板面是否平整，故吊杆的位置及垂直度应符合设计和安全的要求。主、次龙骨的间距，可按饰面板的尺寸模数确定。

吊杆、龙骨的连接必须牢固。由于吊杆与龙骨之间松动造成应力集中，会产生较大的挠度变形，出现大面积罩面板不平整。在吊杆和龙骨的间距与水平度、连接位置等全面校正后，再将龙骨的所有吊挂件、连接件拧紧、夹牢。

为避免暗藏灯具与吊顶主龙骨、吊杆位置相撞，可在吊顶前在房间地面上弹线、排序，确定各物件的位置后吊线施工。吊顶板内的管线、设备在封顶板之前应作为隐蔽项目，调试验收结束后，应作记录。对螺钉与板边距离、钉距、钉头嵌入石膏板内尺寸做出量化要求。钉头埋入板过深将破坏板的承载力。

6.3 质量要求

6.3.1 由于发生火灾时，火焰和热空气迅速向上蔓延，防火问题对吊顶工程是至关重要的，使用木质材料装饰装修顶棚时应慎重。吊顶工程所用的木质材料的防火要求应符合现行国家标准《建筑内部装修设计防火规范》GB 50222 的相关规定，未经防火处理的木质材料的燃烧性能达不到该规范的要求。

6.3.2 本节主要适用于整体面层吊顶、板块面层吊顶和格栅吊顶天棚工程的质量控制。

7 楼地面工程

7.1 一般规定

7.1.1 本章主要用于地砖、石材、实木地板、复合地板、地毯等地面面层材料的施工与质量控制。部分地区仍有使用水泥混凝土面层、水泥砂浆面层及水磨石面层等，以及近年来新兴的地面辐射供暖板块面层和木板面层等使用，可参照《建筑地面工程施工质量验收规范》GB 50209 采用。

7.1.2 楼地面工程通常为装修工程的最后分项工程，在吊顶、墙面工程完成后施工有利于保证楼地面质量和成品保护，当有特殊要求需要先施工楼地面时，应采取可靠的保护措施，防止地面破损。

7.2 施工要点

7.2.1 天然石材用水泥砂浆铺贴时易出现泛碱现象，所以应采取背涂。水泥基铺装基层一方面要保证基层的强度，另一方面应加强养护，在养护期内不应在上行走或堆放重物。

7.2.2 为防止地板面层整体产生膨胀效应，地板与墙边之间留出 8 mm ~ 12 mm 的缝隙。

卫生间、厨房及有防水、防潮要求的建筑地面地板地面应有建筑标高差，其标高差必须符合设计要求；与其相邻的地板面层应有防水、防潮处理，防水、防潮的构造处理及做法应符合设计要求。

7.2.3 住宅用地毯一般用于起居室、客厅局部、楼梯、走廊以及长期重度磨损的部位等。基层的质量直接影响到地毯铺设的质量，要求基层必须干燥。

选择合适的衬垫并铺设平整能为地毯提供附加的弹性复原性，降噪和保暖性，舒适的脚感，并可延长地毯的使用寿命。

当使用地采暖用地毯时，宜选用相对较薄的透气性良好、导热系数大的混纺背麻地毯，如果使用羊毛地毯，应选用经处理过的全脱脂羊毛地毯。

7.3 质量要求

7.3.2 本条提出地面工程子分部工程和分项工程检验批不是按抽查总数的 5%计，而是采用随机抽查自然间或标准间和最低量，其中考虑了高层成品住宅地面工程量较大，改为按标准间以每三层化作为检验批较为合适。

面层与基层的粘结质量是地砖、石材地面内在施工质量的反映，本条规定了面层与基层粘结必须牢固，不能有大面积空鼓。

面层表面的坡度应符合设计要求，不倒泛水、无积水，以检查泼水不积水为主要标准。与地漏、管道结合处严密牢固、无渗漏，以检查蓄水不漏水为主要标准。

7.3.3 选用的材质必须符合现行国家标准，尤其是地板中有害物质含量必须满足国家相关标准的要求，木搁栅、垫木和毛地板必须进行防腐、防蛀处理，木材含水率应符合设计要求，否则易造成地板的翘曲或膨胀腐烂；面层铺设必须牢固、无松动，脚踩检验时不应有明显的声响。

7.3.4 住宅内的地毯直接铺贴在水泥地面上的较少，一般以木地板、地砖石材与地毯相结合的铺贴方式。当采用整间房间满铺的方式时，地毯与墙边的收口处应顺直、压紧，以免脱落。

8 内门窗工程

8.1 一般规定

8.1.3 对金属门窗和塑料门窗的安装，我国规范历来规定应采用预留洞口的方法施工，不得采用边安装边砌口或先安装后砌口的方法施工，其原因主要是防止门窗框受挤压变形和表面保护层受损。木门窗安装也宜采用预留洞口的方法施工。如果采用先安装后砌口的方法施工时，则应注意避免门窗框在施工中受损、受挤压变形或受到污染。

8.1.4 门窗的固定方法应根据不同材质的墙体确定不同的方法。如混凝土墙洞口可采用射钉或膨胀螺钉固定，砖墙洞口可采用膨胀螺钉或水泥钢钉固定，也可设预埋固定。因为砌体中砖、砌块、灰缝的强度较低，受冲击后容易破碎，因此规定在砖砌体上安装门窗时严禁用射钉固定。

8.2 施工要点

8.2.1 木门窗与砖石砌体、混凝土或抹灰层接触处，是易受潮变形部位，因此应进行防腐防潮处理。为保证门窗使用安全，埋入砌体或混凝土中的木砖应进行防腐处理。

厨房、卫生间湿度较大，木制品易受潮变形，甚至腐蚀损坏，因此应做好防潮保护。

8.2.2 塑料门窗的线性膨胀系数较大，由于温度升降易引起门窗变形或在门窗框与墙体间出现裂缝，为了防止上述现象，特规定塑料门窗框与墙体间缝隙应采用伸缩性能较好的闭孔弹性材料填嵌，并用密封胶密封。采用闭孔材料则是为了防止材料吸水导致连接件锈蚀，影响安装强度。水泥为刚性材料，在环境温度变化下，其伸缩性能较差，易在连接部位产生缝隙。

8.2.3 密封条在门窗中起到了水密、气密及节能的重要作用，因此密封条或毛毡密封条应安装完好，不得脱槽。

8.2.4 国家现行的特种门窗相关标准有：《人行自动门用传感器》JG/T 310—2011、《人行自动门安全要求》JG 305—2011、《卷帘门窗》JG/T 302—2011、《彩钢整板卷门》JG/T 306—2011、《平开玻璃门用五金件》JG/T 326—2011、《木质防火门通用技术条件》GB 14101—1993、《钢质防火门通用技术条件》GB 12955—1991、《防火门》GB 12955—2008、《防盗安全门通用技术条件》GB 17565—2007 等。

8.2.5 随着国家对施工及使用安全的重视，安全玻璃越来越多的用于门窗工程，因此特提出对安全玻璃的使用要求。为了兼顾与相关标准的协调性，安全玻璃的使用按照《建筑玻璃应用技术规程》JGJ 113—2009 的规定执行，本标准不再单独提出要求。

8.3 质量要求

8.3.2 木门窗工程

饰面质量会影响木材的含水率。新编国家标准《木门窗》中将门窗按表面饰面分为：涂饰门窗和覆面门窗。并对漆膜及各种覆面材料的外观质量及理化性能均提出了要求。

本标准将门窗五金件统一称为配件。门窗配件不仅影响门窗功能，也有可能影响安全，因此本标准将门窗配件的型号、规格、数量及功能列为主控项目。

表中除给出允许偏差外，对装配配合缝隙等给出了尺寸限值。考虑到所给尺寸限值是一个范围，故不再给出允许偏差。本表参照新制订的国家标准《木门窗》的内容修订。

8.3.3 塑料门窗

固定片或膨胀螺钉的安装位置应尽量靠近铰链位置，以便将窗扇通过铰链传至窗框的力直接传递给墙体。

拼樘料的作用不仅是连接多樘窗，而且起着重要的固定作用。故本标准从安全角度，对拼樘料作出了严格要求。

平开窗扇高度大于 900mm 时，锁闭点太少，窗扇两端易翘曲变形，影响窗的密封功能。增加锁闭点可保证窗扇在关闭状态下受力均衡，达到应有的密封性能。

本条参照塑料门窗产品标准制定。设置开关力上限是为了保证门窗开关的灵活性，滑撑铰链设置下限是为了防止刮风时风力导致门窗扇与框的大力撞击。

8.3.4 金属门窗

本条参照《铝合金门窗》GB/T 8478—2008 和《推拉不锈钢窗》JG/T41—1999、《钢门窗》GB/T 20909—2007 制定。

8.3.5 特种门种类繁多，功能各异，而且其品种、功能还在不断增加，因此在规范中不能一一列出。本标准从安装质量验收角度，就其共性进行规定。因此本标准未列明的其他特种门，也可参照本章的规定验收。

本条参照国家现行标准《人行自动门安全要求》JG 305—2011 的有关内容编制。

9 细部工程

9.1 一般规定

9.1.3 预埋件的安装位置、数量对细部工程的施工质量有较大的影响；预埋件与护栏的栏杆节点对栏杆安装是否牢固有较大的影响，因此在进行细部工程施工前应对预埋件、预埋件与护栏的栏杆节点进行隐蔽工程验收，验收合格后才能进行细部工程施工。

9.1.5 石膏、纸质材料不耐水，在潮湿环境中易受潮损坏，因此必须经过防水处理。

9.2 施工要点

9.2.1 门窗套制作与安装的重点是：洞口、骨架、面板、贴脸、线条 5 部分，强调应按设计要求进行制作与安装。

9.2.2 固定橱柜制作与安装应根据图纸设计进行。框架结构制作完成后应认真校正垂直和水平度，然后进行旁板、顶板、面板等的制作安装。

9.2.3 扶手、护栏是安全性要求高的部件，应能承受垂直和水平两个方向的荷载。因此对扶手、护栏的高度、栏杆间距及连接牢固性进行了强调。

9.3 质量要求

9.3.2 花饰所用材料的有害物质限量应符合设计要求及国家

现行标准的有关规定，如人造木板的甲醛含量、石材的放射性。

9.3.3 本条适用于位置固定的壁柜、吊柜等橱柜制作与安装工程的质量验收。不包括移动式橱柜和家具的质量验收。橱柜的柜门开闭频繁，应灵活、回位正确。

9.3.4 护栏和扶手的安全性十分重要，故每个检验批的护栏和扶手应全部检查。

9.3.6 本条适用于窗帘盒和窗台板制作与安装工程的质量验收。窗帘盒有木材、塑料、金属等多种材料做法，窗台板有天然石材、水磨石等多种材料做法。

10 防水工程

10.1 一般规定

10.1.3 防水工程完毕后，面层未施工前应做蓄水试验，蓄水深度最浅处不低于 20 mm，时间不得少于 48 h，经检查无渗漏，方可进入下道工序施工。

10.2 施工要点

10.2.1 基层表面如有凹凸不平、松动、空鼓、起砂、开裂等缺陷，将直接影响防水工程质量，因此对上述缺陷应做预先处理。

10.2.2 地漏、套管、卫生洁具根部、阴阳角等部位，是渗漏的多发部位，因此在做大面积防水工程之前应先做好局部防水附加层。

10.2.3 防水砂浆主要分为掺有外加剂或掺和料的防水砂浆和聚合物防水砂浆两大类，水泥防水砂浆系刚性防水材料，适应变形能力差，不宜单独作为防水层，而应与基层粘结牢固并连成一体，共同承受外力作用。因此规定水泥砂浆防水层与基层之间必须结合牢固，无空鼓现象。

施工缝是水泥砂浆防水层的薄弱部位，室内防水工程面积均相对较小，宜一次施工成型，不留施工缝。

为避免水泥砂浆防水层产生裂缝，在砂浆终凝后约 12 h～24 h 要及时进行湿养护。一般水泥砂浆的 14 d 强度可达标准强度的 80%。聚合物水泥砂浆防水层应采用干湿循环交替的养护方法，早期硬化后 7d 内采用潮湿养护。聚合物水泥砂浆终凝后泛白前，不得洒水养护或雨淋，以防水冲走砂浆中的胶乳而破坏胶网膜的形成。

10.2.4 防水卷材种类繁多，性能各异，各类不同的防水卷材都有与其配套或相容的基层处理剂、胶粘剂和密封材料。基层处理剂是涂刷在防水层的基层表面，增加防水层与基面粘结性的涂料；卷材的胶粘剂种类很多，应与铺贴的卷材相容。卷材的粘结质量、搭接缝应粘结牢固，并在卷材收头处用相容的密封材料封严。

10.2.5 防水涂料主要包括有机防水涂料和无机防水涂料。有机防水涂料的特点是达到一定厚度具有较好的抗渗性，在各种复杂基面都能形成无接缝的完整防水膜；无机防水涂料主要包括掺用外加剂、掺和料的水泥基防水涂料和水泥基渗透结晶型防水涂料。目前国内聚合物水泥防水涂料的发展较快，其兼有有机和无机防水涂料的优点，具有良好的柔韧性、粘结性、耐老化性、抗渗性。

10.3 质量要求

10.3.2 为保证防水工程的防水效果，对防水层的范围作出了要求。

利用蓄水试验检查地面防水层的防渗透情况，是检查防水层质量最重要的方法之一。本标准上规定了采用蓄水试验或泼水试验两种方法进行防渗漏检查，应在能满足蓄水试验要求的部位进行蓄水试验，否则进行泼水试验。

防水砂浆的厚度测量，应在砂浆终凝前用钢针插入进行尺量检查，不允许在已硬化的防水层表面任意凿孔破坏检查。对于涂料防水层厚度的测量，宜选择针测法。建议每个检查部位抽取 3 个点，两点间距不小于 20 cm，计算 3 个点的平均值为该涂层平均厚度，并报告最小值。

11 卫生器具、厨卫设备及管道安装

11.1 一般规定

11.1.4 由于我国是一个水资源短缺的国家，所以成品住宅装修工程应本着节能环保、节约用水的原则。

11.1.5 卫生器具如洗脸盆、洗涤盆、浴盆等如不作满水试验，其溢流口、溢流管是否通畅无从检查；所有卫生器具均应作通水试验，以检验其使用效果。

11.2 施工要点

11.2.1 在墙体上固定的卫生器具应与墙体连接牢固，因此对墙体材料有所要求。对于多孔砖墙、轻质隔墙，应采取相应的措施。

卫生器具是盛水性器具，使用时与建筑面层连接部位可能渗水、溅水而影响室内环境，因此要求这些部位作密封处理。密封材料既要有可靠的防渗性能，又不能过于牢固粘结死，以免更换、维修时损坏器具和地面。特别是坐便器底部不得用水泥砂浆嵌固，而应采用硅酮胶密封。

11.2.6 吸油烟机安装时有一个仰角，便于排放的油污流进集油杯中。

12 电气工程

12.1 一般规定

12.1.3 避免导线受损，防止触电和火灾等事故发生。有利于管内清洁、干燥，便于维修和更换导线；钢导管管口护线口应齐全可靠，防止导线绝缘层受损伤。

12.1.4 导线接头若设置在导管内，则穿线难度大，且发生故障时不利于检修；导线接头在槽盒内，发生故障时会蔓延到其他回路。为保证安全，便于维护检修作此规定。

12.1.5 户内配电箱出线回路设置按《住宅建筑电气设计规范》JGJ 242—2011 第 8.4 条执行。住宅内大功率设备主要包括：大于 1.5P 的空调器、电热水器等。家用电器因其负载性质不同、功率因数不同，所以计算电流也不同，设计人员设计时应根据家用电器的额定功率和特性选择相应的电源插座。

12.2 施工要点

12.2.1 照明配电箱

2 暗装是为了美观及避免人员的磕碰，配电箱加保护面板是为了起到隔离带电体与人体接触。

3 配电箱内各回路断路器标示清楚用途是为了用户使用方便。

12.2.2 电线导管

4 在建筑电气工程中，不能将柔性导管用作线路的敷设，仅在刚性导管不能准确配入电气设备器具时，做过渡导管用，所以要限制其长度，刚性导管经柔性导管与电气设备、器具连接，柔性导管的长度在动力工程中不大于 0.8 m，在照明工程中不大于 1.2 m。

12.2.3 绝缘导线外护层的颜色要有区别，是为识别其不同功能或相位而规定的，既有利于施工又方便日后检修。PE 线和 N 线的颜色是国际统一认同的，其他导线的颜色国际上并未强制要求统一，且我国电力供电线路和大量国内电气产品的绝缘导线外护层颜色尚未采用国际上建议采用的颜色（即：相线 L1、L2、L3 用黑色、棕色、灰色）。

12.2.4 开关插座安装

2 插座的安装高度应以符合设计要求，方便使用为原则。同一室内相同规格并列安装的插座高度一致是为了观感舒适的要求。

3 本条规定一方面是为了安装美观，但同时也为了安全，特别是有软包装装修的场所电气防火、用电安全作出的规定。

12.2.5 灯具安装

5 为了防止由于安装不可靠或意外因素，发生灯具坠落现象而造成人身伤亡事故，制定本条文。由于木楔、尼龙塞或塑料塞不具有像膨胀螺栓的揳形斜度，无法促使膨胀产生摩擦握裹力而达到锚定效果，所以在砌体和混凝土结构上不应用其固定灯具。

6 嵌入式灯具在工程中得到广泛应用，导管与灯具壳体的连接和导线裸露是安装质量的通病，故作本规定。

7 按防触电保护形式，灯具可分为Ⅰ类、Ⅱ类和Ⅲ类。Ⅰ类灯具的防触电保护不仅依靠基本绝缘，而且还包括基本的附加措施，即把不带电的外露可导电部分连接到固定的保护导体（PE）上，使不带电的外露可导电部分在基本绝缘失效时不致带电。因此这类灯具必须与保护导体（PE）可靠连接，以防触电事故的发生。Ⅱ类灯具的防触电保护不仅依靠基本绝缘，而且具有附加安全措施，例如双重绝缘或加强绝缘，但没有保护接地措施或依赖安装条件。Ⅲ 类灯具的防触电保护依靠电源电压为安全特低电压，并且不会产生高于安全特低电压 SELV 的灯具。

12. 2. 7 金属浴盆、洗脸盆包括金属搪瓷材料;建筑物钢筋网包括卫生间地面及墙内钢筋网。装有淋浴或浴盆卫生间里的设施不需要进行等电位联结的有下列几种情况:

——金属物，如非金属浴盆、塑料管道等。

——孤立金属物，如金属地漏、扶手、浴巾架、肥皂盒等。

——非金属物与金属物，如固定管道为非金属管道（不包括铝塑管），与此管道连接的金属软管、金属存水弯等。

12. 2. 8 家用电器外露可导电部分均应可靠接地是为了保障人身安全。目前家用电器如空调器、冰箱、洗衣机、微波炉等，产品的电源插头均带保护极，将带保护极的电源插头插入带保护极的电源插座里，家用电器外露可导电部分视为可靠接地。采用安全电源供电的家用电器其外露可导电部分可不接地。如笔记本电脑、电动剃须刀等，因产品自带变压器将电压已经转换成了安全电压，对人身不会造成伤害。

13 供暖、通风及空调工程

13.1 一般规定

13.1.1 本条供暖、通风及空调工程均主要指套内部分内容的安装。套内部分供暖工程按散热形式主要有散热器安装与地面辐射供暖安装；套内通风与空调工程安装主要为连接管线与终端设备的安装；其他系统应按照国家、行业、地方标准及规范执行。

13.1.2 按照《民用建筑供暖通风与空气调节设计规范》GB 50736—2012 第 5.1.2 规定，严寒、寒冷地区应设置供暖设施。

13.2 施工要点

13.2.2 《地面辐射供暖技术规程》JGJ 142 第 3.10.6 及《建筑给水排水及采暖工程施工质量验收规范》GB 50242 第 8.5.2。

地面辐射采暖系统中绝热层施工时应严格按设计要求选择绝热材料，铺设绝热层的地面应平整、干燥、无杂物，墙面根部应平、直且无积灰现象。绝热层的铺设应平整，绝热层相互间的接缝应严密。直接与土壤接触的或有潮气侵入的地面，在铺放绝热层之前应先铺一层防潮层。

加热管施工时，不宜与其他工种进行交叉施工作业，施工过程中，严禁进人踩踏加热管。管件连接应严密不渗漏。

电采暖系统的加热元件质量关系到系统使用效果与使用安全，应选择符合有关产品质量标准的产品。

13.2.3 室内机的安装必须牢固，冷凝水管的排水方向的坡度应大于 1%，支架或吊架应符合设计要求，穿越墙体或楼板时应设套管。运行时不应有异常噪声和振动。

13.2.4 通风设备及管道、配件的安装必须牢固，运行时不应有异常噪声和振动。

14 智能化工程

14.1 一般规定

14.1.1 住房建筑智能化系统包括：智能化集成系统、通信接入系统、电话交换系统、信息网络系统、综合布线系统、有线电视系统、公共广播系统、物业信息运营管理系统、建筑设备管理系统、火灾自动报警系统、安全技术防范系统等。本标准以套内为界面，适用于套内从多媒体信息箱开始的有线电视、网络通信等线路的布设和控制插座的安装。

15 监 理

15.1 一般规定

15.1.1 本规程监理是指住宅装修工程中，施工阶段的质量、投资、期控制、合同信息管理、安全监理、综合协调和保修期工程质量缺陷的调查，返修处理验收及其费用的签署等工程监理活动。

建设工程监理制是实行项目管理总监负责制。总监是代表监理企业对监理项目进行全面管理并严格履行与业主签订的委托监理合同，实现业主为工程项目制定的各项目标。

在工程质量控制中，监理人员严格执行现行规范（程），重点是按规范中的强制性条款必须检查并做好记录。

15.1.5 监理实施细则

当发生工程变更、计划变更或原监理实施细则所确定的方法、措施、流程不能有效地发挥管理和控制作用等情况时，总监理工程师应及时根据实际情况安排专业监理工程师对监理实施细则进行补充、修改和完善。

15.2 质量控制

15.2.2 严把材料质量关，是保障工程质量的关键之一。在保证材料质量的同时还要符合四川省和建设部的明令严禁使用，淘汰和限制使用材料和产品的要求。

15.2.3 为了使防水工程在施工过程的质量得到有效的控制，规定在防水层施工完后进行一次蓄水试验，以检查防水层的功能，在全部工程完成后再进行一次最终的蓄水试验。

15.2.7 在墙面铺装施工前，应编制施工方案（含方法），经监理审查后实施。监理人员应编制有针对性的监理实施细则对施工质量进行控制。重点对较大块材的挂网、固定和灌浆方法和拼装排版进行监控。涂饰工程施工过程中有可能采用不同厂家或品种涂料作底层（含封闭层）、基层和面层，这时应对不同产品的适配性进行试验。

对嵌入墙体的暗敷管道宜作预埋，对预埋确有困难的管道需剔槽埋设的，其剔槽的位置、深度、固定方式等重要施工方法，必要时应征得设计人员同意，保证墙体不受到损坏。

15.3 安全及文明施工的监理工作

15.3.2 对施工单位报送的《施工组织设计》中的装修安全措施（方案）负责，安全的专业监理人员重点检查装饰装修工程中的各项措施，该措施与主体结构工程措施（方案）应有所区别和针对性。

16 质量验收

16.1 一般规定

16.1.1 成品住宅工程的质量验收应符合《建筑工程施工质量验收统一标准》GB 50300，同时还应符合《建筑装饰装修工程质量验收规范》GB 50210、《建筑地面工程施工质量验收规范》GB 50209、《电梯工程施工质量验收规范》GB 50310、《通风与空调工程施工质量验收规范》GB 50234、《建筑给水排水及采暖工程施工质量验收规范》GB 50242、《建筑电气工程施工质量验收规范》GB 50303、《智能建筑工程质量验收规范》GB 50339 等规范的规定。

为有利于工程资料的整理归类，避免重复，附录 F 中的检验批、分项、分部、分户等验收表格与《建筑工程施工质量验收统一标准》GB 50300、《四川省住宅工程质量分户验收管理暂行规定》一致，仅将表头明确为成品住宅。

16.1.2 本条提出在成品住宅单位工程竣工验收前，建设单位应组织相关责任单位对每套住房室内各功能空间的使用功能、观感质量等内容进行的分户验收。

16.2 交付样板房验收

16.2.1～2 进行成品住宅交付样板间的施工和验收，是为了明确装修工程质量验收标准，避免因合约、技术文件、图纸等理解差异而引起纠纷；明确参建各方管理协调重点、质量技术控制重点，使参建各方操作人员在大面积施工前提前了解施工、工序、统一施工工艺做法，确保大面积施工按既定要求顺利展开。

16.2.3 为避免由于材料质量问题或设计不当造成装修工程室内环境污染物浓度超标，应对交付样板房室内环境污染物浓度进行检测，合格后方可全面展开装修施工。

16.3 交接验收

16.3.1 土建与装修在施工过程中是两个不同的环节，为了明确质量责任，提出交接验收。

16.3.2 本条是成品住宅工程质量的基本条件，内装修基层（墙面、地面、天棚）、外门窗（含分户门）质量检验；阳台栏杆，屋面、地面渗水，室内空间尺寸；已完成建筑电气工程、排水管道渗水等方面的质量有保证，且在装修过程中不被破坏，这样就能保证成品住宅工程的基本使用功能，所以强调必须进行交接验收。

16.4 分项、分部、分户验收

16.4.6 成品住宅的分户验收记录表是参照川建发〔2007〕92号四川省建设厅关于印发《四川省住宅工程质量分户验收管理暂行规定》而确定的。本标准提供了《成品住宅工程质量分户验收记录表（装修工程）》样表，而《成品住宅工程质量分户验收结果表》样表也作为参考，提供与相关单位使用。

《成品住宅工程质量分户验收记录表（装修工程）》样表

工程名称：×××工程

<table>
<tr><td>房 号</td><td colspan="3">××楼 ×× 单元 ×× 号</td></tr>
<tr><td>建设单位</td><td>××××</td><td>施工单位</td><td>××××</td></tr>
<tr><td>监理单位</td><td>××××</td><td>检查日期</td><td>201×年××月××日</td></tr>
<tr><td>序 号</td><td colspan="2">检验内容、数量</td><td>检验结果（实测数据、观察情形）</td></tr>
<tr><td>1</td><td rowspan="5">墙面</td><td>裱糊</td><td>裱糊后的壁纸、墙布表面应平整，色泽应一致，不得有波纹起伏、气泡、裂缝、皱折及斑污，斜视时应无胶痕</td></tr>
<tr><td>2</td><td>涂饰</td><td>涂饰均匀、粘结牢固，不得漏涂、透底、裂缝、起皮和掉粉、反锈</td></tr>
<tr><td>3</td><td>面砖</td><td>表面应平整、洁净、色泽一致，无裂痕和缺损。滴水线（槽）应顺直流水，坡向应正确</td></tr>
<tr><td>4</td><td>木饰面</td><td>木装饰墙板表面应光洁，棱面光滑，无毛刺和飞边，木纹朝向及缝口符合设计要求，板面间装饰性缝隙宽度均匀。护墙板应安装牢固，上沿线水平无明显偏差</td></tr>
<tr><td>5</td><td>轻质隔墙</td><td>表面应平整光滑、色泽一致、洁净、无裂缝，接缝应均匀、顺直</td></tr>
<tr><td>6</td><td rowspan="2">天棚</td><td>软包</td><td>软包工程表面应平整、洁净，无凹凸不平皱折；图案应清晰、无色差，整体应协调美观</td></tr>
<tr><td>7</td><td>涂饰饰面</td><td>涂饰均匀、粘结牢固，不得漏涂、透底、裂缝、起皮和掉粉、反锈</td></tr>
<tr><td>8</td><td>楼地面</td><td>吊顶</td><td>安装应稳固严密。表面洁净、色泽一致，不得有翘曲、裂缝及缺损</td></tr>
</table>

续表

序 号	检验内容、数量		检验结果（实测数据、观察情形）
9	楼地面	地砖（含石材）	面层与下一层的结合（粘结）应牢固，无较大面积空鼓。砖面层的表面应洁净、图案清晰，色泽一致，接缝平整，深浅一致，周边顺直。板块无裂纹、掉角和缺楞等缺陷。面层邻接处的镶边用料边角整齐、光滑
10	细部工程	橱柜	抽屉和柜门开关灵活、关闭严密、回位正确、无倒翘，安装牢固；表面应平整、洁净、色泽一致，不得有裂缝、翘曲及损坏
11		台面板	支托（架）安装牢固、平整；表面光滑、无损伤
12		护栏和扶手	护栏和扶手安装牢固；护栏和扶手转角弧度应符合设计要求，接缝严密，表面光滑，色泽一致，不得有裂缝，翘曲及损坏
13		花饰	安装牢固，表面应洁净，接缝应严密吻合，不得有歪斜、裂缝、翘曲及损坏
14		窗帘盒、窗台板	安装应牢固，表面应洁净，接缝应严密吻合，不得有歪斜、裂缝、翘曲及损坏
15	内门窗安装		门扇开关灵活、关闭严密、无倒翘、表面无锤印、损伤；密封胶填嵌饱满、表面光滑顺直，密封条顺直填嵌顺直；密封胶、密封条与门窗粘结紧密、牢固、无脱槽
16	防水工程		防水层严禁渗漏，坡向应正确、排水通畅、不得有倒泛水和积水现象，防水涂层应平整、均匀，无脱皮、起壳、裂缝、鼓泡等缺陷，卫生间蓄水试验合格，阳台灯有防水要求的地面无渗漏，外墙无渗漏

续表

<table>
<tr><td>序 号</td><td colspan="2">检验内容、数量</td><td colspan="2">检验结果（实测数据、观察情形）</td></tr>
<tr><td>17</td><td colspan="2">卫生器具及管道安装（全数）</td><td colspan="2">给水、排水、卫生器具、阀门、水表等的接口严密，无渗漏，给水、排水、管道无堵塞、排水管道坡向及坡度正确。地漏有效水封深度 50 mm，标高正确，构造内无存水弯的卫生器具与生活排水管道连接时均设存水弯，其有效水封深度 50 mm，卫生器具无划痕、无渗漏</td></tr>
<tr><td>18</td><td colspan="2">电气工程（全数）</td><td colspan="2">照明配电箱（盘）内配线整齐，回路编号齐全，标识正确；箱（盘）内开关动作灵活可靠，各种保护元件选型正确。接线正确、开关、插座面板紧贴墙面，安装牢固；相位正确；接地可靠，照明系统通电试运行正常。等电位连接端子齐全、位置正确</td></tr>
<tr><td>19</td><td colspan="2">采暖空调与通风（全数）</td><td colspan="2">制冷、制热、送风合格。如无采暖空调，空调孔位置、大小正确，无渗漏、反坡，与插座、冷凝水排水管接口位置协调</td></tr>
<tr><td>20</td><td colspan="2">智能化工程（全数）</td><td colspan="2">多媒体箱，门禁对讲，防盗，报警，联动符合要求，电话、网络、光纤通畅</td></tr>
<tr><td>21</td><td colspan="2">配置的设备（全数）</td><td colspan="2">数量、品牌符合设计，运行状况正常，外观无破损</td></tr>
<tr><td>22</td><td colspan="2">配置的成套部品（全数）</td><td colspan="2">数量、品牌、规格符合设计要求，安装牢固、开启灵活，外观无破损</td></tr>
<tr><td>质量缺陷及整改结果</td><td colspan="4"></td></tr>
<tr><td colspan="2">建设单位</td><td>施工单位</td><td>监理单位</td><td>其他单位</td></tr>
<tr><td colspan="2">单位（项目）技术负责人：

××××
（公章）
年 月 日</td><td>专业技术（质量）负责人：

××××
（公章）
年 月 日</td><td>总监理工程师：

××××
（公章）
年 月 日</td><td>

××××

年 月 日</td></tr>
</table>

注：1 工程中增加或不包含的项目应在验收记录中增加或删除。

2 如装修工程部分项目在其他分户验收记录表已填写，可不在该表中重复填写。

《成品住宅工程质量分户验收结果表》样表

工程名称：×××工程

<table>
<tr><td>房号</td><td colspan="4">×××楼　×××　单元　×××　号</td></tr>
<tr><td>建设单位</td><td>×××</td><td>施工单位</td><td colspan="2">×××</td></tr>
<tr><td>监理单位</td><td>×××</td><td>检查日期</td><td colspan="2">××年××月××日</td></tr>
<tr><td>序号</td><td colspan="2">检验内容</td><td colspan="2">检验结果</td></tr>
<tr><td>1</td><td colspan="2">室内空间、构件尺寸</td><td colspan="2">合格</td></tr>
<tr><td>2</td><td colspan="2">建筑装饰装修</td><td colspan="2">合格</td></tr>
<tr><td>3</td><td colspan="2">建筑给、排水及采暖</td><td colspan="2">合格</td></tr>
<tr><td>4</td><td colspan="2">建筑电气</td><td colspan="2">合格</td></tr>
<tr><td>5</td><td colspan="2">通风与空调</td><td colspan="2">合格</td></tr>
<tr><td>6</td><td colspan="2">智能建筑</td><td colspan="2">合格</td></tr>
<tr><td>7</td><td colspan="2"></td><td colspan="2"></td></tr>
<tr><td>8</td><td colspan="2"></td><td colspan="2"></td></tr>
<tr><td>9</td><td colspan="2"></td><td colspan="2"></td></tr>
<tr><td>本户检验结论（核查结论）</td><td colspan="4">本户已按照《四川省住宅工程质量分户验收管理暂行规定》的相关要求进行了质量分户验收，验收结论为合格</td></tr>
<tr><td rowspan="2">检验单位</td><td>建设单位</td><td>施工单位</td><td>监理单位</td><td>其他单位</td></tr>
<tr><td>单位（项目）技术负责人：
×××
（公章）
年　月　日</td><td>专业技术（质量）负责人：
×××
（公章）
年　月　日</td><td>总监理工程师：
×××
（公章）
年　月　日</td><td>年　月　日</td></tr>
</table>

注：1　当住宅工程为成品住宅交付住户时，质量分户验收的结果表可参照此表填写，与我省原住宅工程质量分户验收结果表合二为一。

2　工程中增加或不包含的项目应在验收记录中增加或删除。